单身不为钱愁

おひとり様でも、一生お金に困らない本

[日] 荻原博子 著
袁淼 译

中信出版集团 | 北京

图书在版编目（CIP）数据

单身不为钱愁 /（日）荻原博子著；袁淼译. -- 北京：中信出版社，2019.7

ISBN 978-7-5217-0506-5

Ⅰ. ①单… Ⅱ. ①荻… ②袁… Ⅲ. ①女性－财务管理－通俗读物 Ⅳ. ① TS976.15-49

中国版本图书馆 CIP 数据核字（2019）第 082841 号

单身不为钱愁
著　　者：[日] 荻原博子
译　　者：袁淼
出版发行：中信出版集团股份有限公司
（北京市朝阳区惠新东街甲 4 号富盛大厦 2 座　邮编　100029）
承 印 者：北京诚信伟业印刷有限公司

开　　本：880mm × 1230mm　1/32　　印　　张：5.625　　字　　数：65 千字
版　　次：2019 年 7 月第 1 版　　印　　次：2019 年 7 月第 1 次印刷
京权图字：01-2019-3197　　广告经营许可证：京朝工商广字第 8087 号
书　　号：ISBN 978-7-5217-0506-5
定　　价：39.00 元

叮~咚~
早上好！
我入职已经9年了。
公司现在有很多年轻的新人。
早上好！
前辈，今天我们去吃大餐吧！
最近这么忙，给自己加加油吧！
太棒了！
真想每天就这么没心没肺地快快乐乐过下去啊。
啊！
?
你居然买了芙丽（FURA）的新包包?!
FURA
每天上班这么辛苦，不对自己好一点怎么行呢！
指甲也是新做的呢！
为了搭新包的颜色特意去做的呢。
不知不觉间……
自己也到了要为老后生活担忧的时刻……

晚上闺蜜聚会
干杯！
哎，小A看着没精神啊，怎么了？
叮……
昨天，跟男朋友分手了，以后年金也会越来越少，往后自己一个人生活该怎么办啊……
哈哈
我完全不想结婚，也很开心啊，总会有办法的！
小B
小A，我懂你！我已做好打算单身到底，所以正式开始存钱了！
啊？
啊？
可不是嘛，我已经开始考虑自己买房子了。
小C
没错，我最近开始研究投资了。
小D
啊？
暴击
我，我，我，什么都没打算呢!!

我的美好生活三要素
名牌包包
星级餐厅
等等
等年纪大了……
眼睛也不好使了
全错了，对不起，你明天不用来了。
暴击
失业，坐吃山空
存款余额为0！
天啊！
存折
到时候连房租也付不起
腿～软～
一个人默默地死去！
火柴啊，请给我取暖……
飞了

该怎么办啊……
前方一片黑暗
啪
不要担心
啪
哎？
我来啦，我来帮助你摆脱焦虑，告诉你解决的办法！
哇，电视节目里经常看到的财经媒体自由撰稿人荻原博子老师！
锵
现在这个样子确实很糟糕，但从现在开始改善完全不晚哦！
咳
不行 不行
一起来面对吧！
好的！

个人档案

* 37 岁，单身
* 有男友，没有结婚计划
* 工作：派遣员工
* 收入：年薪 300 万日元
  税后 21 万日元 / 月
* 存款：500 万日元
* 住房：在大城市一个人生活，一个开间，月租金 10 万日元
* 年金：已加入厚生年金
* 父母住在二线城市，有自己的房子

现在城市生活虽然自由惬意，但一想到老后，就一片愁云飘过来。
目前来看，以后应该也不会结婚了，是时候认真来考虑一个人的养老生活了……

我，应该怎么办？

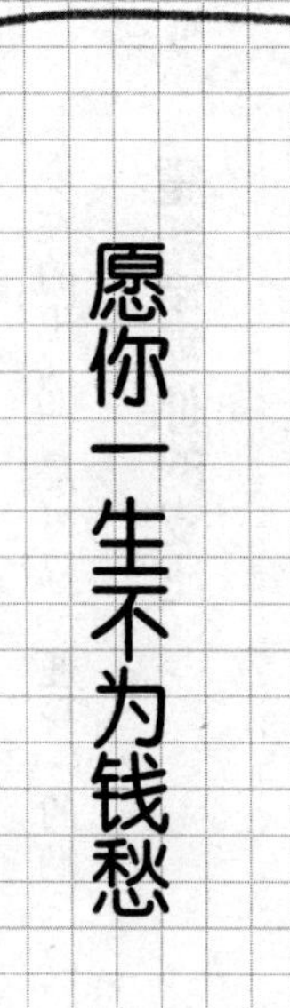
愿你一生不为钱愁

目录

引言

单身女性必须面对的金钱问题

第一章

重新审视你的支出

第六章 关于住房

第七章 要不要投资

附录

荻原老师，我该怎么办？

附录

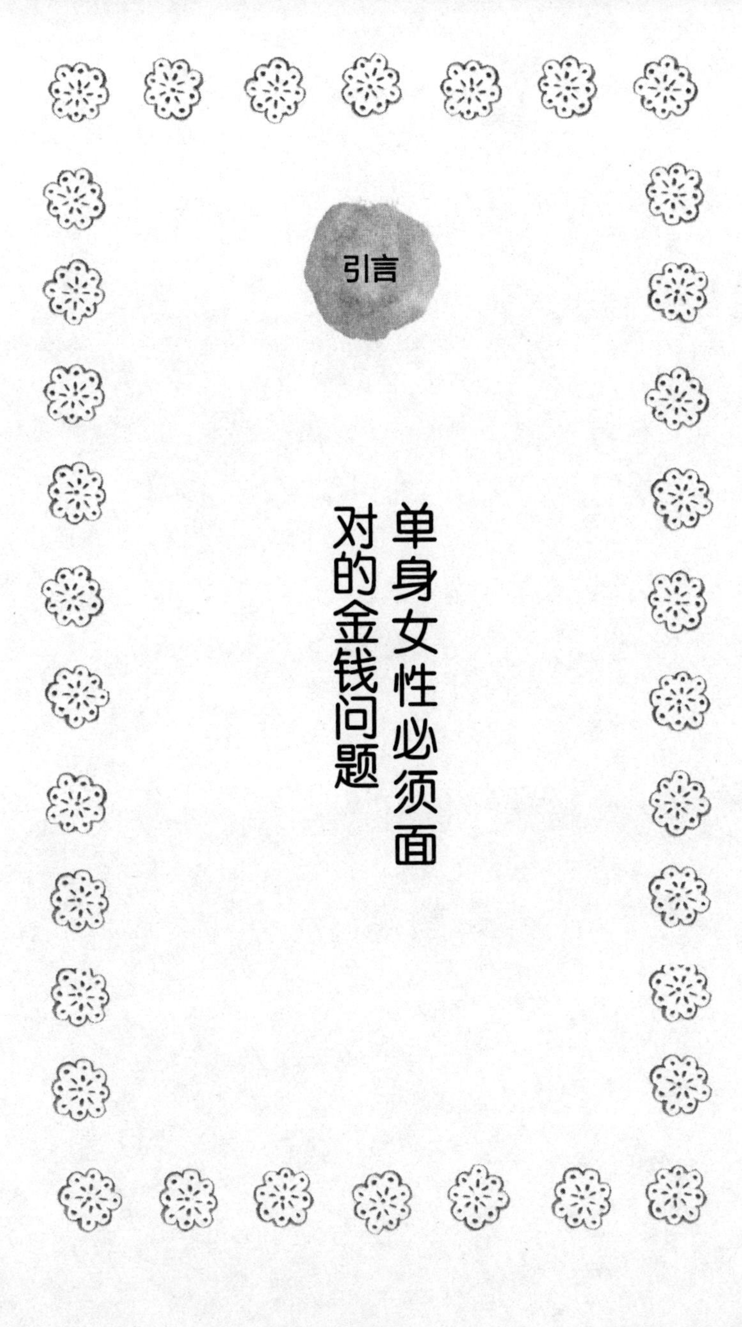

引言

单身女性必须面对的金钱问题

单身养老，到底需要多少钱?

——老实说，到目前为止，我依然觉得养老是一件遥不可及的事情，确实没有认认真真地思考过这个问题。只是最近，忽然发现关心养老的单身朋友越来越多，一下子有点蒙……不知不觉为自己担心起来，今后我该怎么办呢?

好吧，准备好了吗，现在我们开始厘清现状，好好计算一下养老到底需要多少钱。某女士，派遣员工①，公司文员。年收入约300万日元，扣除税负等每月到手大约21万日元，房租10万日元，在东京市中心一个人生活。存款大约500万日元。从学校毕业到现在，22岁到37岁，15年间攒了500万

① 在日本，员工分为派遣员工和正式员工两种。派遣员工即非正式工，和人才派遣公司签约，派到别的公司工作。通常与正式员工同工同酬但不同福利。——编者注

日元，也就是说每月大约存了约3万日元。

——实际上，我刚上班的时候是正式员工，最开始的那5年，是有公司宿舍可以住的。那时候存了300万日元。后来因为一些原因成了派遣员工，开始自己租房子付房租，压力变大，只能从生活费里节省出来存起来，存的钱就少了。

原来如此。从22岁到27岁，开始的5年存了300万日元，每月大约存了5万日元。后来28岁到37岁的9年间存了200万日元，平均每个月存了近2万日元。

这里有一份数据，日本单身生活的平均储蓄额，30多岁是461万日元，40多岁是490万日元，所以你的情况尚属平均水平。具体的存钱方法请参考本书第五章。

◎各年龄段的平均储蓄额（单身）

20~29岁	30~39岁	40~49岁	50~59岁	60~69岁
200万日元	461万日元	490万日元	802万日元	958万日元

资料来源：家计金融行动关联世论调查，平成26年。

——原来我算平均水平啊，略感安慰。但是养老，到底需要多少钱？

先设定一个目标金额，有目标地省钱、存钱。我们假定从 65 岁开始，按照日本女性平均寿命 87 岁计算，那么这 22 年到底需要多少钱？我们来计算一下。

首先是生活费。单身生活每个月平均是 15 万日元（《2015 年家计调查报告》，日本总务省统计局），那么：15 万日元 / 月 × 12 个月 × 22 年≈3 960 万日元。

其次是房租。假设还是按照现在的居住条件，每两年涨一次房租计算，房租（10 万日元 / 月 × 12 个月 × 22 年）+ 涨房租时发生的续约手续费（10 万日元 / 次 × 10 次）=2 740 万日元。

还要计算医疗费用和护理费用（详见第三章）。医疗费用 250 万日元 + 护理费用 550 万日元 =800 万日元。

全部加在一起，养老所需的费用大约是：3 960

万日元 +2 740 万日元 +800 万日元 =7 500 万日元。

——啊？7 500 万日元？！要这么多！不是还有年金吗，

什么时候可以开始领？可以领取多少？

关于年金，我们在第四章详细介绍。正式员工的话，厚生年金和国民年金加在一起，65 岁开始领取，每年可以领到约 278 万日元。总计 278 万日元 / 年 × 22 年 =6 116 万日元。也就是说，退休以后，可以得到约 6 100 万日元的收入。

但是，目前日本这份年金的领取年龄延后了，估计要从 70 岁才开始，而且金额会有所下降。预计再过 30 年，大约会降到 4 900 万日元。

没有加入厚生年金的人，现在是从 65 岁开始每年可以领取 78 万日元。按照平均年龄计算的话，78 万日元/ 年 × 22 年 =1 716 万日元。考虑到金额减少等情况，大约会得到 1 370 万日元。

◎养老需要多少钱?

按照 65 岁退休，寿命为 87 岁来计算，22 年所需金额是：

生活费		150 000日元/月×12个月×22年	39 600 000 日元
房租	房租	100 000日元/月×12个月×22年	26 400 000 日元
	手续费	100 000日元/次×10次	1 000 000 日元
医疗费			2 500 000 日元
护理费			5 500 000 日元

合计 75 000 000 日元

——那么，养老的收入和支出的差额大约是多少？

按照你的情况，已加入厚生年金，考虑到你的年薪，估计 65 岁开始每年可以领取 150 万日元左右。不降低金额的话，150 万日元 / 年 × 22 年 = 3 300 万日元。养老所需的费用是 7 500 万日元，差额大约是 4 200 万日元。

减去已有的 500 万日元存款，大约还需要 3 700 万日元。就是说到 65 岁，还需要存够 3 700 万日元。

如果是个体经营者或者自由职业者，没有加入厚生年金的话，差额大约是：养老所需金额 7 500 万日元－年金收入 1 370 万日元＝6 200 万日元。

正式员工的话，还有退休金和企业年金等，这个差额就很小了。

如果搬到二三线城市居住，或者回老家生活，房租的压力就减少了。即便没有结婚，跟朋友一起生活，生活费也能降低，可以控制在每月 11 万日元。如果可以得到父母的财产，那也是自己的收入来源，差额就更小了。反过来，如果家人需要医疗护理，增加费用，差额就会拉大。

如此这般，每个人的情况不一样，养老所需的费用也不一样。

——原来如此……我个人来讲，还需要 3 700 万日元。存到 65 岁，每个月需要存多少钱呢？

到 65 岁还有 28 年，3 700 万日元 /（12 个月 × 28 年）≈ 11 万日元 / 月，即每个月需要存约 11 万日元。按照你的月薪计算，一半以上都要存起来才行。

现状可以说相当严峻了。以后如果不搬回老家降低居住费用的话，恐怕生活会很拮据了。

但是，仔细衡量收入和支出，还有存钱的方式、工作等因素，实现安稳养老也不是不可能的事情。现在，就让我们好好想一想怎样做到安心养老。

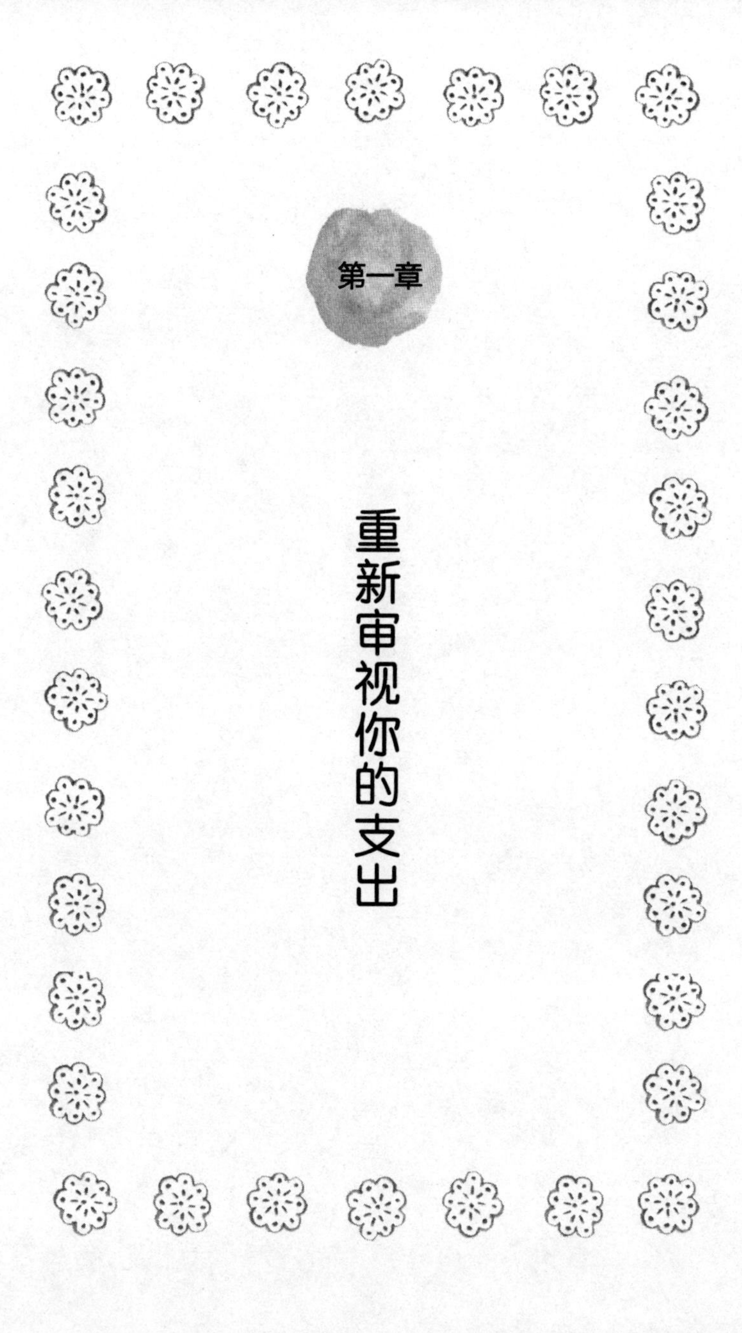

第一章

重新审视你的支出

现在的生活，是可以“瘦身”的哟

首先，我们一起看一看你的每月支出情况。每个月到手的21万日元是怎么花出去的。请告诉我你的具体花销。

——嗯……大约餐费3.5万日元，水电燃气费1.5万日元，手机费8 000日元，交际费2万日元，时尚美容费2万日元，房租10万日元，人寿保险1万日元。交际费和时尚美容费里剩下的存起来。每年还有一两次旅行。

了解了。看起来你的生活并不是享乐派或者名牌至上，不算奢侈浪费。

但是收入与支出基本持平，一旦发生什么变化，存款就接不上了。

◎生活费明细（1 个月）

收入 21 万日元	
* 餐费	35 000 日元
* 水电燃气费	15 000 日元
* 手机费	8 000 日元
* 交际费	20 000 日元
* 时尚美容费	20 000 日元
* 房租	100 000 日元
* 人寿保险	10 000 日元
合计	208 000 日元

➡ 剩下的钱存起来，每年还有一两次旅行

还要养老，现在的生活状态可不行，必须开始有意识地节约并进行储蓄，生活费再“瘦身”！

降低餐费，午餐乐趣依然不减……

先从最好减的餐费开始。在这里，重要的是做好预算，然后把每天的餐费控制在预算范围内。目前的餐费是 3.5 万日元，那么目标是先减到 3 万日元。

首先制定大米、面包等主食的预算和必要的酱油、食用油等调味料的费用。早餐是面包，午餐和晚餐各煮0.5合[①]米（一小碗），合计每天1合米。面包6片装，150日元/袋 ×5袋 =750日元。大米1合/天 ×30天 =30合，每合约150克，每月就是4.5公斤。1公斤大约400日元，就是1 800日元。调味料大约1 000日元，这样主食和调味料的预算就是750日元 +1 800日元 +1 000日元 =3 550日元。

接下来是菜的费用。剩下的餐费除以30天，计算出每天的预算。（30 000日元–3 550日元）/30天 = 882日元/天，就算每天850日元。每天850日元，就不能东买西买了，必须严格控制消费习惯。

除去主食、调味料费用后26 450日元中的25 000日元，**全换成1 000日元的纸钞，出门买东西的时候只带一张纸钞**，也就是1 000日元。要养成在预算范围内消费的习惯。

---

① 合：日本的容积单位，每合米约重0.15公斤，10合为1升。——编者注

比如，牛肉太贵超出了预算，就换成鸡胸肉。有没有鸡胸肉的好吃的菜谱呢，可以拿出手机查查菜谱。可以把肉放在保温状态的电饭锅里闷1个小时，拿出来再烹饪会更加鲜嫩美味呢。喏，你又学会了一项新技能。

还有，可以趁超市打折多买一些冷冻起来保存。我推荐把胡萝卜和洋葱切小块，跟肉馅炒一炒，然后分小份冷冻起来。吃的时候可以根据调味料的不同变成各种美味。比如可以加酱油和糖拌米饭，也可以跟鸡蛋一起用豆腐皮包起来，还可以加入咖喱粉变成咖喱饭。这可是一种相当百搭的魔术配菜。

像这样，利用有限的食材发挥无限的想象力，不但可以控制花销，还可以磨炼烹饪技术哦。

开始你可能不习惯，但是如果坚持下去，只买必要的东西，1个月后一定可以成为持家小达人！习惯了一边思考一边购物，就会越来越节约，每天的餐费降到700日元也不在话下，生活费瘦身成果可期啊。

有一点要注意，肚子饿的时候不要购物。饿的时候看见什么都想买。还有，去超市不要拿手推车，而是要用篮子，可以减少冲动购物。

——这样计算的话，中午就不能去外面吃了吧。有时候不开心，全指着到餐厅美餐一顿开开心呢……

也不是跟餐厅说再见的意思，如果以上做得很好，预算有富余了就可以去餐厅啊。但基本上要有带午饭便当的意识。买一个你喜欢的漂亮的便当盒，午餐吃便当也可以是很开心的事情啊。

但是，特意做便当的话又要花费用和时间，所以建议**晚饭多做一些，把午餐的份儿做出来**。不想连续吃一样的饭菜，可以在冰箱里设置一个便当角落，把每天晚饭剩下的菜用保鲜膜包起来标上日期，这样每天的便当就可以换着吃了。每天的餐费预算是850日元，如果每周5天，每天都可以做到用600日元解决餐食，这样每天就富余了250日元，这样每周完全可以去一次餐厅呢。生活费瘦身这回事儿，根据

每个人的智慧和方法，可以变出各种花样。

——跟朋友外出吃饭怎么办？为了纾解工作压力，还是希望每周能见一次朋友。

跟朋友见面聚餐的费用，不属于餐费范畴，属于交际费。这方面以前的老一辈很有经验，可以去便宜的连锁居酒屋啊，或者很有人气的快餐店，比如“饺子王将”，一份啤酒和饺子 1 000 日元就可以搞定。其他还有站立酒吧、能喝酒的家庭餐厅等，换个店就能节省开支呢。

偶尔想去热门餐厅？也行啊，从其他方面节省一些，有富余的时候再去。

公共费用，选择与生活方式适合的套餐

——水、电、燃气费该怎么节省呢？

在日本，电费基本上是每个公寓大楼根据住户使用的安培数决定电费套餐，基本是每户 20~50 安培。一个人生活的话，空调、冰箱、电视、照明灯，再加上一两个家用电器，总安培数可以控制在 20。确认一下你所住公寓的电费套餐，**如果很高的话，就改一下，调到 20 安培的档位。**

50 安培的基本费用是 1 400 日元，20 安培的基本费用是 560 日元（东京电力）。变更套餐是免费的，

所以别偷懒，一定要确认一下。

还有，**电器在不用的时候，一定要拔掉电源插头。**家庭消耗的电力，每年约 5% 是电视、电脑等待机产生的。这些没有使用而消耗的电力，即便关了总开关，只要插头还插在插座上，也会产生电力消耗。

嫌拔插头麻烦的人，可以换那种带开关按键的插座，可以节省一半待机产生的电费呢。

还有，在日本，一定要知道**公共费用自由化**这回事。电费已经完全自由化了，燃气也从 2017 年开始自由化，市民也可以节省更多的公共费用了。

在这里，我还推荐一种“打包制”的服务。燃气费和电费捆绑在一起会有折扣，和手机费绑在一起也有折扣等。这是一种自由组合捆绑优惠的制度。仔细比较一下哪种捆绑更划算，选择与自己生活方式最契合的捆绑方式。

有人会担心，费用自由化以后，不同的公司有不同的费用，更换公司以后会不会带来供给不稳定的现象，会不会经常停电、停煤气。其实大可不必。

我们使用的电线等基础设备都是没有变化的，稳定供给不成问题。

租的公寓也可以自由签约，为了确保万无一失，还是事先与公寓物业或房屋租赁公司确认一下吧。

其他的节约窍门在本书的最后还有介绍，请多留意。

——手机费也可以节省吗？现在是每个月 8 000 日元，这些生活必要的开销节省起来很难的。

在日本，有一种超级便宜的智能手机，手机费用可以控制在每月 3 000 日元。有人担心这种手机的通话质量，其实这些手机厂家使用的也都是 DOCOMO 等电信平台和设备，机器本身完全没有问题。

还有人担心，因为便宜所以信号不好。其实，只要你不是每天都要用手机看电影的话，基本使用完全没有问题。打电话可以用免费的 LINE、SKYPE，只是需要变更手机邮箱的地址。那些需要用手机工作、不能变更手机邮箱的人，就不适用这款手机了。

为了节省人工费用，超便宜手机的厂商不像那些大品牌厂商设有专柜，有专人进行讲解宣传。所以可以去永旺这样的零售店或者电器店咨询柜员。

如果你用的不是智能手机，而是以前的旧式手机，也有必要重新确认一下手机话费套餐。要不，不知不觉间附加了其他费用项目都不知道呢。

一个一个地比较套餐麻烦的话，最简单的就是直接打电话给客服。说明你想更换更划算的套餐，然后由客服推荐，一个电话就可以直接更换套餐，相当省事了。

无论如何无法减少的时尚美容费

——花在打扮上的钱也要省吗？到了这个年龄，会更加注意皮肤和形体，这部分消费是怎么都不能节省的啊。

这部分费用节约起来是比较难的。太苦着自己，每天的乐趣都没有了。但是**我们可以根据效果，更聪明地花钱**。

比如化妆品。并不是越知名的化妆品效果就越好，也不是越贵的就越好。说到底，化妆品，便宜的反而不好卖，所以厂商总是把价格定得稍微高一些，却又不是遥不可及的高度。所以，化妆品并不是价格=品质，高价格里也包含了广告费等附加费用。

那些拥有超过半世纪历史的老牌厂商生产的1 000日元的保湿乳液，完全可以与昂贵的高级面霜相媲美。还有老牌子的化妆水，价格不贵，效果也非常好。

原料与价格并不成正比，名牌化妆品也并不能代表一切，还是应该选择对自己有效果的产品。

还是跟餐费一样，先要定一个预算。比如，这个月的时尚美容费是15 000日元，如果这个月去剪了头发，那就下个月再买化妆品。如此这般，自行调节。

还有买衣服和包包。很多人都是想买就买，买的时候很开心，获得了满足感，但过后并没有经常用，或者是冲动之下买了本来不是那么需要的东西、没有好好试穿就买下来结果不合适等，总之钱花出去了，东西没用上。

所以，你需要克制冲动消费的念头，只购买确实需要的东西，以及可以长时间使用的东西。必须学会一边思考一边购物。

还可以活用雅虎拍卖等在线二手商品交易软件。把不需要的东西卖出去，再用得来的钱买自己需要的东西。避免不必要的浪费。

这里我要特别提一下名牌包包。一个包好几十万日元，很快就用腻了，要不就是根本不怎么用。这样的经验大家都有吧。最近日本兴起了可以每月定额缴费租借名牌包包的网站，可以以很低的价格享用最新的名牌包包，推荐给无论如何都需要名牌包包的人。因为是租借，所以即便是一个人居住在狭小公寓，橱柜很小无法收纳，也不成问题。

还有那些参加婚礼等场合穿用的礼服和手包，价格很高，使用频率很低，可以说性价比非常低。也可以在网上买或者租来用，这样每次可以穿用不同的礼服和手包，不是很划算吗！

无意识地花出去的费用

——目前来看，生活费节省了很多呢，还有没有浪费的地方呢？

你还真说对了，还有很多呢。人都会无意识地花钱，结果也是很大的一笔。

你今天买咖啡了吗？如果每天买两杯咖啡，就是 300 日元。10 天就是 3 000 日元，1 个月就将近 1 万日元。无意识地就花出去了 1 万日元。

其他还有口香糖、杂志……等人的时候有一点儿时间，走进附近的便利店不知不觉就买了一些小东西。

这些小花销加起来就是不小的开支呢。所以，尽量避免这样的花费吧。

——确实，上班的时候，为了提神经常买咖啡喝。累的时候本能地就往星巴克走。还常买甜点等，怎么样来克制这部分的花费呢？

这就是在讲餐费的时候提过的，**钱包里不要放钱**。所以，钱包里不要放1万日元的钞票。

如果钱包里只放两张1 000日元的钞票，上班的时候还会想着买咖啡吗？那两张1 000日元钞票其中的一张，还是盘算着晚上可能会跟同事去喝酒才特意多准备的一张呢。

如果钱包里有一张10 000日元的钞票，估计你会想也不想就去买咖啡了，同事约喝酒也就大大咧咧地去了。什么都不想就消费，是最不好的类型。

所以要把10 000日元换成1 000日元，只在钱包里放最低限度的钞票。

还有的人，不怎么留意银行卡余额，工资卡和储蓄卡是同一张。所有的收入和支出都从一个账户划出。这样确实可以应对在线购物等支出，也可以防止忘还信用卡。

但是，一旦账户余额比较大的时候，难免心里会放松，发生不必要的花销。现在的电子账户可以自动划款，怎么看都会增加消费开支。因为只有一个账户，很不容易看出生活费的增加幅度。

所以，建议你使用两个账户，工资卡作为综合账户，定期扣款到储蓄账户。只在综合账户留存最低必要的金额。这样就可以有效率地储蓄，还可以控制对生活费的管理。

——那偶尔想对自己好一点，可以吗？

你说到重点了，就是这个“对自己好一点”。女人总是在说要对自己好一点，买蛋糕啊、买衣服啊、买包包等并不常用的东西。不觉得对自己好一点的频率太高了吗？每年一两次足矣。解决了工作上的难题，跟朋友喝一杯，写完了企划书就给自己买一个蛋糕……这些难道不是很正常的事吗？其实就是找借口花钱而已，在我看来，**根本不需要那么多的“对自己好一点”。**

再说说上班时候吃的下午茶，伸出你的右手，拇指和食指围一个圈，就这个量！足够了！你知道吗，下午茶就是发胖的重要原因之一。“要减少1公斤的体重，必须坚持36个小时的快走”，吃下午茶的时候请好好想一想这句话，是不是就能少吃点了呢。

节约，可以换来安心的老年生活，这难道不是最好的“对自己好一点”吗？请好好体会。

——呃，知道了。我决定减少钱包里的现金，重新检视自己的生活费。还有哪些要注意的？

接下来，我们来看看房租，这也是最大的一笔支出。现在你的工资的一半都用来交房租，这也有办法减少支出。特别是以你现在，如果不做大的改变，每个月就很难完成储蓄目标。前面也说过了。

日本现在一居室的租金是每月 10 万日元，可以换成开间，或者搬到交通不很便利的郊区，房租就能节省不少。东京市内，也可以找到四五万日元的一居室。

还有就是合租。东京市内可以找到不错的两居室租金才每月 14 万日元，两个人住的话每人每月 7 万日元，比现在少了 3 万日元。还有，如果不考虑结婚，可以考虑跟朋友合住。日本人这样做的还不多，但在日本生活的外国人很多选择这样的生活，我认为这是很合理的一种生活方式。

如果老家父母有房子，可以搬回老家，或者去其他小城市，这些地方的房租跟大城市比，相差将近 10 倍。很多人担心到了小城市找不到工作，关于这个问题，我在本书第二章会进行详细的分析。

- □ 重新制定餐费、时尚美容的预算。
- □ 重新规划公共费用和手机费的套餐。
- □ 控制无意识的开销。
- □ 不要在钱包里放最低面额以上的现金。
- □ 工资账号和储蓄账号分开，设置划款限额。
- □ 没有必要“对自己好一点”。
- □ 好好考虑怎样降低房租支出。

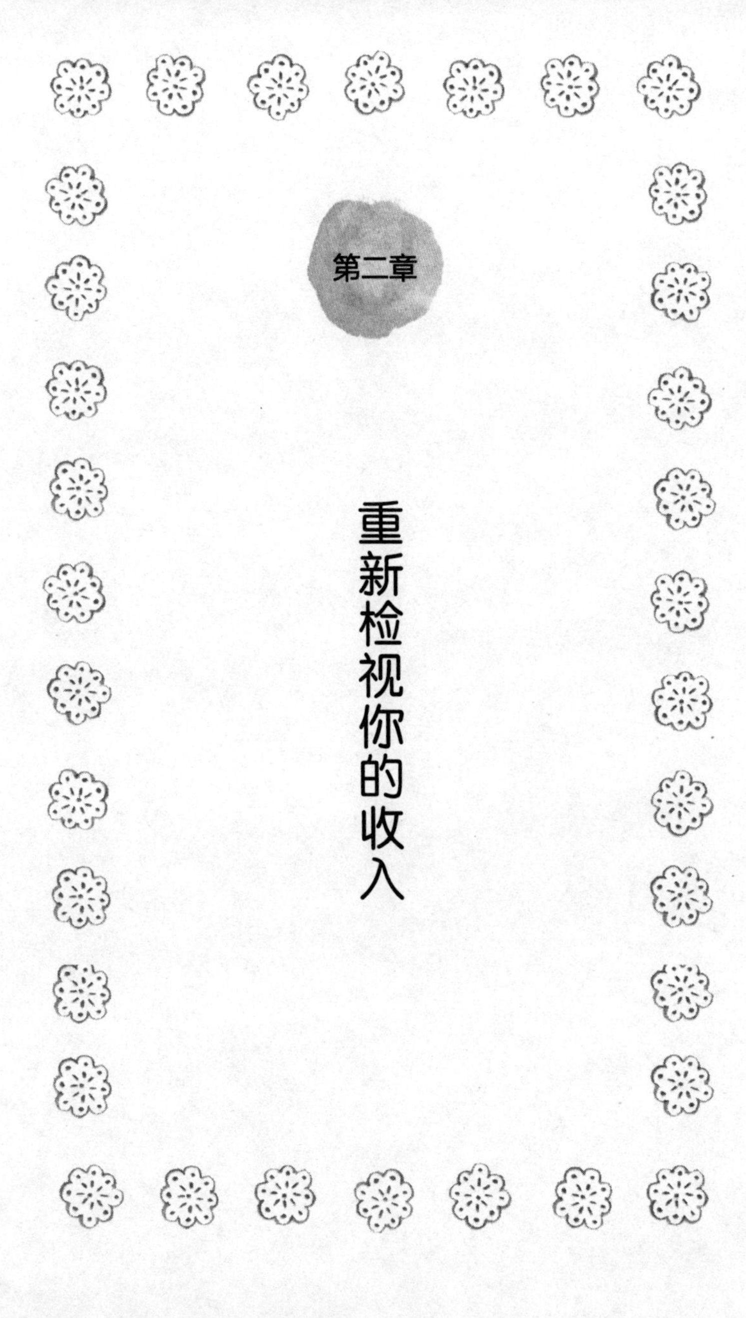

第二章

重新检视你的收入

搬到小城市，会不会收入骤减

——现在我的年薪是300万日元，派遣员工没有奖金和退休金，维持现有的年薪是不是就可以了呢？

接下来，我们来看一看收入情况。在日本，37岁女性的平均年薪是399万日元，你在平均线以下啊。派遣员工没有随着工作年限涨工资的说法，也没有奖金和退休金，所以要想办法增加收入，只有稳稳当当存钱。

现状与要存的目标金额差距比较大，必须好好想一想增加收入的方法。

——现在存钱困难的话，我也考虑回老家跟父母住，但那样的话会不会收入更低了呢？

◎日本女性年龄与平均年薪

20岁	256万日元	30岁	377万日元	40岁	416万日元	50岁	435万日元
21岁	257万日元	31岁	381万日元	41岁	416万日元	51岁	446万日元
22岁	265万日元	32岁	384万日元	42岁	423万日元	52岁	485万日元
23岁	278万日元	33岁	390万日元	43岁	411万日元	53岁	457万日元
24岁	303万日元	34岁	389万日元	44岁	438万日元	54岁	513万日元
25岁	323万日元	35岁	395万日元	45岁	433万日元	55岁	475万日元
26岁	342万日元	36岁	396万日元	46岁	428万日元	56岁	433万日元
27岁	347万日元	37岁	399万日元	47岁	453万日元	57岁	422万日元
28岁	356万日元	38岁	405万日元	48岁	427万日元	58岁	519万日元
29岁	367万日元	39岁	409万日元	49岁	415万日元	59岁	409万日元

资料来源：DODA，“2016年平均年收入排行”。

确实，小城市比大城市的工资低，但是生活费也低啊。综合来看，未必没有优势。

比如餐费。在大城市，什么都得花钱去买，有的小城市、小镇子，蔬菜和大米都是朋友或者邻居送的。

日常娱乐这些花费的差别也大。大城市里玩的地方很多，新的餐厅一家一家地开，喝酒的机会和酒吧也很多，都是要花钱的。

在小城市，没有车不行，酒吧也少，大家都早早下班回家喝酒。周末会跟几个朋友开车去河边烤肉，喝酒、吃肉、娱乐都要比在大城市节省很多。

所以说，小地方的生活可以控制生活成本，**即便收入比在大城市低，也能存下钱。**

——也是，为了养老，也要多方面考虑啊，不能只盯着金额。那么会有合适的工作吗？

当今时代，**绝不是小城市就完全没有工作机会。**现在的网络这么普及，物理位置因素会越来越弱化，可选的工作会越来越多。会有更多新兴公司和工作机会出现，大家不必再挤着满员地铁去上班，只要在网上办公就可以了。

很多 IT 公司在很多小城市设置了办公室，员工住在喜欢住的地方，早上 10 点上班，晚上 5 点下班。通过网络和视频电话跟大城市的总部联系，其余的时间按照自己的节奏把工作完成就可以了。

所以，今后会有越来越多的公司不再给员工支付交通费和住宅补贴，员工可以住在任何地方，只要按时完成工作就可以了。

这就是现在的时代背景。现在五六十岁的员工绝大多数都是正式员工，他们年轻的时候，社会是以正式员工为核心劳动力在运转。现在，像你这样的派遣员工为代表的非正式员工雇佣率在逐年上升。根据日本总务省的“劳动力调查”显示，1990 年非正式员工雇佣率为 20%，到了 2015 年则达到 40%，25 年间增长了两倍。

当今社会的运转核心劳动力逐渐变成了非正式员工。再过 10 年、20 年，这部分工作人群将成为社会主流。

与之相对应的，工作的形态和方法也会发生变化。非正式员工当中，在家在线办公的年轻人是大多数。很多年轻人不善于与人交际，大学一毕业就选择在家办公的工作。他们虽然不擅长社交，也不喜欢外出，但是工作能力不差。在线下达工作指令，他们就能按时完成。

现在虽然还留存着“第一次接触的人必须当面聊聊”“重要的事情必须见面或电话说”等以前的习惯，但再过10年、20年，大家都会说“不用见面，网上搞定”，现在公司的年轻员工就会成为新时代的主流。这样发展下去，人们对不用见面就建立工作关系也就没那么抵抗了。

未来，**住在哪里变得不再重要，小城市也能做跟在大城市一样的工作。**

工作时间越长，收入越多

——搬到小城市，虽然生活费节省了，但还是有存款压力啊，生活质量会不会下降，有没有增加收入的办法呢？

维持现有的收入水平，**工作时间越长，收入就越多。**以前是60岁退休，现在不少人已经需要工作到

65 岁才能领取年金。今后领取年金的年龄可能延后到 70 岁，进一步延后的话，可能需要一生工作。

现在大家做的是计算养老所需的资金，然后趁着年轻制订理财计划。但是以后这样做还不够。老后仍然需要工作，需要收入。所以我们需要考虑的不仅仅是要增加现在的收入，还要考虑老了以后干什么、怎样增加收入的问题。

这部分收入，我们按照跟厚生年金同样金额估算，每个月有 20 万日元的话就没有问题了。

我们再来算一下，从 65 岁工作到 70 岁，每个月 20万日元，20万日元/月×12个月×5年=1 200万日元。最开始我们算的是 3 700 万日元，减去 1 200 万日元，得出 2 500 万日元。养老的负担减轻了不少。

而且，如果工作收入可以支付日常生活花销，那么领取的年金就可以存起来。领取年金的时间越晚，领取的金额就越多。领取年金的时间，是可以自己设定的。

这种设定是将基础年金和厚生年金按照同比率计

◎推迟领取年金的年龄及对应的增长率

领取的年龄	增长率
66 岁 0 月 ~ 66 岁 11 个月	8.4%~16.1%
67 岁 0 月 ~ 67 岁 11 个月	16.8%~24.5%
68 岁 0 月 ~ 68 岁 11 个月	25.2%~32.9%
69 岁 0 月 ~ 69 岁 11 个月	33.6%~41.3%
70 岁 0 月以后	42.0%

算，比如说现在，如果设定自己从 70 岁开始领取年金，那么可以多获得 42% 的年金。

因此，**领取年金的时间越晚，领取的金额就越多**。特别是对于女性，格外有利。女性普遍更加长寿，身体情况还可以的话，还是努力工作吧。

——原来如此。只要还能干，就可以一直维持现在的生活。不依赖存款和年金也是可以过下去的。但是我这样的派遣员工，能在公司工作到多少岁呢？老实说，现在的年轻人越来越多，越来越感到有压力。

派遣员工没有退休的规定，也没有具体的工作年限标准，但新人不断加入，促进这个群体的新陈代谢。要想留下，就必须磨炼出自己的本领，要有非自己不行的存在感。

这就出现一个问题，很多人为此执着于上各种补习班考取资格证书。其实在我看来，很多证书完全没有实际意义，所以我不建议去考证书。大家都有这样的经历吧，找工作的时候，展示了一堆证书，结果用人单位也就看看，就没有下文了。

比证书更重要的是实际工作能力。如果是盲目地考取证书，那些花掉的时间和精力、金钱，不如用来打磨一项工作技能更可靠。

所以，请首先找到自己喜欢的、自己擅长的一个方向。如果没有找到，就先把眼前的工作做好。

比如，你做的是商品打包工作，那么如果你在这方面比其他人的知识多，比其他人干得好，那么你就是打包专家，你就是不可替代的存在。

或者，大型超市里都有专门炸食物的兼职大姐，有的大姐就炸得很好，大家都愿意买她做的食物。

只要是她上班，大家就都愿意去买。那么对于超市来说，不管大姐多少岁都不会主动解雇她。所以说，与其去考证书，不如扎扎实实磨炼一项技能，成为不可替代的存在，才是实际的事。

另外，还可以兼职开展副业。一边做派遣员工一边兼职做点别的。一点一点地，副业超越主业，另起炉灶创业也未可知。

还有一点要特别注意，那就是**为了能在一个地方长久地工作下去，处理好人际关系是非常重要的**。

比如，如果你与上司的关系不错，他觉得你“是公司必要的人才，必须延长合同”，于是你就能多干一年。如果与上司的关系不睦，他说你“年纪又大，公司已经不需要了”，那么你很可能就丢了这份工作了。在现实社会，到处都有这样的人际关系。

正式员工也不要沾沾自喜，时代已经变了，成为正式员工不能保证一生无忧。同样的道理，好好磨炼自己的本事，成为公司里不可替代的存在。另外，趁着年轻创业也是一个不错的思路。

小知识 利用“教育训练给付制度”考取证书，可以控制费用

“教育训练给付制度”是日本面向参加了雇佣保险，且满足一定条件的人，在为考取证书而参加培训时，提供资金援助的制度。虽然参加的教育培训必须是厚生劳动大臣指定的，但这种培训有近 8 000 种，大部分上岗所需的培训都囊括其中。

日本教育训练给付制度分为“一般教育训练”和“专业教育实践训练”两种。“一般教育训练”以提高工作人员的职业技能为主，主要面向信息处理技术者、薄记检定、上门护理等。按规定补贴金额是培训学费的 20%（上限为 10 万日元），学费不足 4 000 日元的不享受补贴政策。

“专业教育实践训练”以援助专业资格证书训练为主。主要面向护士、护理护士、建筑师等。援助金额为 40%（每年的上限为 32 万日元），最长援助期为 3 年。

只是，援助金在取得证书之后才能领取。所以接受训练的时候，需要自己全额垫付。

◉ 日本厚生劳动大臣指定的讲座可以从以下网站查询："教育训练给付制度'厚生劳动大臣指定教育训练讲座'检索系统" http：//www.kyufu.mhlw.go.jp/kensaku/T_M_kensaku。

增加收入的方法有很多，适合自己的才重要

——要想工作一生，什么是最必要的呢？

要想一直在职场有存在价值，最重要的就是要有自己的强项。只要有实力，就有工作需求，你就可以一直工作下去。

比如，你很喜欢狗，那么你可以学习宠物方面的专业知识，要比谁都懂得照顾狗；如果你喜欢洗衣服，也可以成为专业的洗涤人员；如果你喜欢跟人聊天，愿意帮助人，那么也可以做资源对接等沟通方面的工作。

这种“舍我其谁”的核心价值，就是你的天职。从天职扩展出去，比如要在外企工作，就可以加强英语能力；为了更好地理解外国人的习惯，可以学习些心理学。一步一步地，自己的世界就展

开了。

开始你可能会觉得“这也能成为工作？”，要知道世界上有各种各样的工作、各种各样的需求。有的人专门替人遛狗，每个月也有20万日元的收入呢。现在通过手机软件找人帮忙遛狗、做家务的人越来越多，即便你认为是不起眼的小技能，也有市场需求。

今后是云采购（cloud sourcing）的时代。所谓云采购就是人们通过网络，与不特定的多数人共同工作的系统。从最初的碰头会到最后的付账，全程在线操作，没有实际见面，完全可以在家办公。

现在从简单的打字到比较复杂的，包括制作网页、开发App等工作，到LOGO设计、策划创意等都已经实现了云采购。

在日本，云采购刚刚开始10年左右，规模还不大，世界范围内，有“Upwork”，以及可以日语对应的“Freelancer”等规模巨大的云采购，将近2 000万在线用户，也附有社会保障功能。

云采购会在全球发展，今后熟练掌握网络操作和

精通几国语言的人，就可以在全球开展自己的事业了。

如果没有找到喜欢和擅长的工作，那么建议你从事不容易被机器人取代的工作。比如，即便在线购物已经成为主流，也需要网站运营人员，掌握了技术，能够支持这套系统的人就是公司的宝贝。

所以，要学会寻找这样的需求，然后让自己掌握可以满足这种需求的本领。这也是一个生存之道。

今后世界的变化会越来越大。很多工作会因为引入机械、互联网、人工智能等，使雇佣形态发生很大的变化。以后，便利店里可能就不需要收银员了；大家都上网买东西了，就不需要批发了，业务员和一线售货员就会被取代。

因为终端销售体系发生了变化，与之相关联的批发甚至贸易公司可能都会消失。车站检票口和高速公路收费口的工作人员会被人工智能取代。很多工作形态会因此发生变化。

这样一想，正式员工也并不是高枕无忧。如果你现在所处的行业未来有可能被取代，或者业绩下滑，收入降低，也就可能提早退休。有准备，才能万无一失！为了保证长期稳定的收入，你必须找到符合时代发展的行业和职位。如果不是，就必须马上行动去调整。

——拥有自己的强项才能在今后的时代生存下去，那么到了60岁、70岁也会有工作吗？

只要有实力就能一直工作下去。我们要有这种意识，就是到了可以领取年金的时候，存款没有减少就是胜利。到了那个时候，年金收入加上工作收入，生活会过得不错的。

如果在公司里生存不易，我们可以通过云采购寻找工作机会，或者加入 JICA（日本国际协力机构），该机构会提供很多去国外做志愿者的工作机会。

具体而言，该机构招募满 40 岁到 69 岁的人，拥有技术和知识，并富有经验和热情，愿意去帮助发展中国家的建设。虽然说是志愿者，但机构会发放资金援助。按照当地生活费标准，每月支付 6 万日元到 15 万日元。如果志愿者本身不满 65 岁且没有固定职业，还可以每月领取补贴 55 000 日元。志愿者的派遣期原则上是两年。很多志愿者都会反复申请，一直在国外工作生活。日本当地居民具体可以去 JICA 官网查询。

还有，在家庭支援中心工作也不错。家庭支援中心是为父母上班、孩子需要照顾的家庭提供援助的机构。这里也是志愿者制度，每小时工资大约 700 日元。

像这样，只要去寻找，就会找到适合自己的工作机会并取得收入。今后，建立起终生工作的意识是很有必要的。

只要可以工作到 70 岁，即使现在维持现状，老后也能老有所依。**最重要的是，不管处在哪个年龄段，收入要永远高于支出！**这样才能安心度日。

另外，很多正式员工筹划着退休后展开第二人生，如果你决定了要做的事情，平台和相关条件也都具备，那么不必等到退休，现在就可以开始行动了。

辞职去创业是另一回事了，如果一直想着“等 65 岁退休以后……”，那么现在的工作也不一定能做好，反而现职和创业都不能顺利进行。

小知识 20年后，哪些工作会消失

前文提及，将来有些工作岗位会被机器人取代，具体会有哪些工作呢？牛津大学的人工智能研究学者迈克尔·A.奥斯博恩副教授在2014年发表了题为《雇佣的未来——计算机化会使工作消失吗》的论文，主要探讨了未来10~20年即将消失的职业。我在这里举几个简单的例子，给计划跳槽和创业的人做个参考：

- 电话接线员
- 美甲师
- 数据录入员
- 会计、审计类基础文员
- 餐厅等娱乐场所的服务台工作人员
- 收银员
- 酒店前台工作人员
- 投诉处理人员和调查员

- 检查分类、采集样本进行测试的操作员
- 保险核保员
- 信用卡申请人的尽职调查人员
- 配眼镜和隐形眼镜技术员
- 动物饲养员
- 金融机构的信用分析员
- 体育裁判
- 放映员
- 涂装、贴壁纸等技术员
- 测量技术员
- 地图制作技术员
- 建筑机械操作员
- 律师助理
- 入户销售人员
- 房产中介
- 照相机等摄影器材的修理员
- 假牙技师
- 园林和园林用地管理员

第二章
要点

- [ ] 可以选择去小城市生活。
- [ ] 延长工作时间，可以增加收入。
- [ ] 设定领取年金的时间延后，可以增加领取的金额。
- [ ] 目的不明确的考证书，只是一种浪费。
- [ ] 保证长期工作的重要条件是“人际关系”和“自己的强项”。
- [ ] 目标是收入永远高于支出。

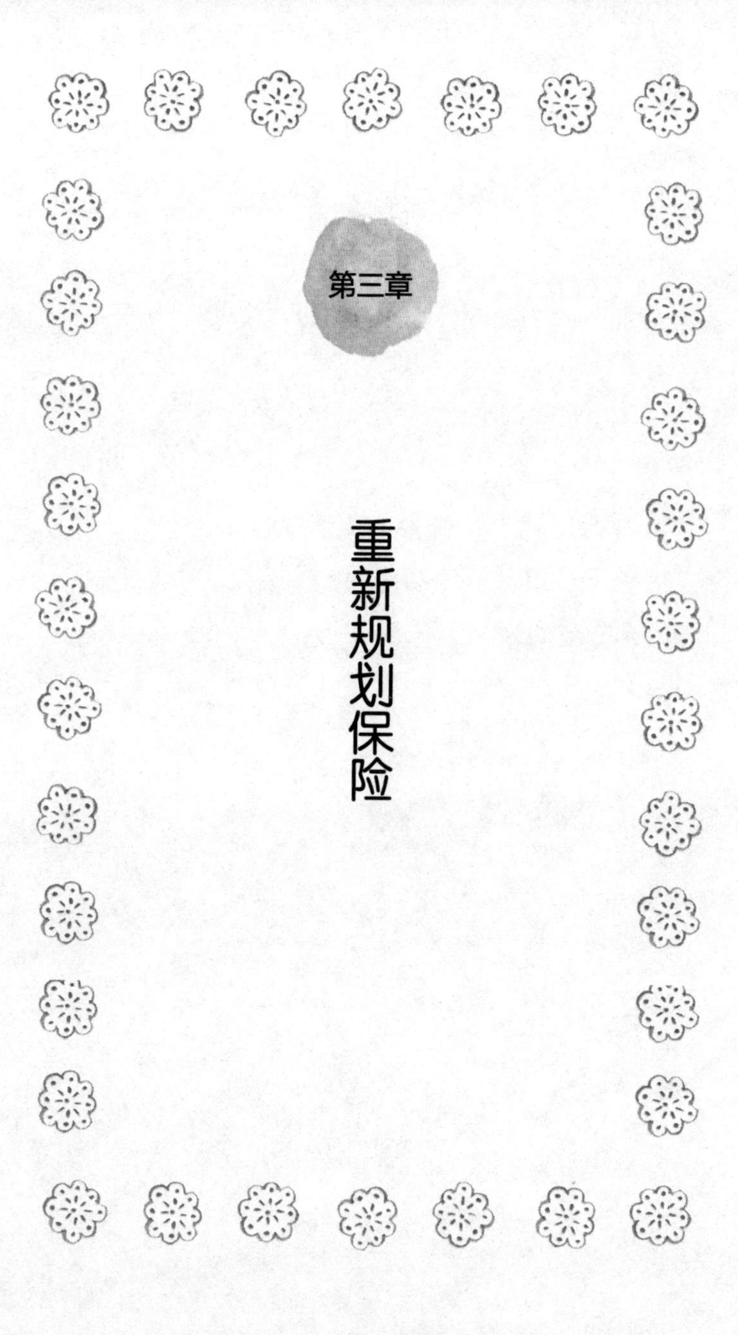

第三章

重新规划保险

人寿保险，如果没有遭遇不幸基本就是没用的，可当真

——现在，我还在坚持支付刚上班时买的人寿保险，不退还保费的那种。每个月大约1万日元，是否有必要重新规划一下？

说到人寿保险，它只是社会保险的一种补充。大家一起出钱，给那些生病、受伤、遭遇意外事故、陷入不幸的人们提供帮助。

人寿保险是根据死亡率和患病率进行计算的，是把同性别、同年龄段的人归为一类人群，用大家的钱给其中死亡或者患病住院的人提供帮助的一种制度。而且，如果没有遭遇不幸（出险），投保人缴纳的保费也不予退还。

有的保险在解约时，会返还已缴保费，所以也有人把买保险当作储蓄。但是，日本1994年以前的

◎人寿保险的运作原理

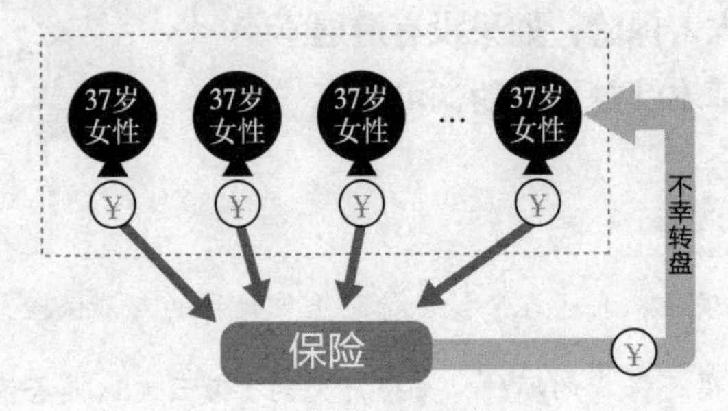

保险储蓄利率是 3.75% 以上，那时候把保险当储蓄还行，如果是后来再买储蓄型保险就不划算了。

所以，如果负担的保费过高，自己就要好好算一下这笔账，支付的保费和得到的保障哪个比较大。如果是支付的大于获得的，就需要重新规划了。以你来说，你买的保险是不退还保费的，即非储蓄型保险，每个月保费是 1 万日元，估计保障力度也不小，还是调整一下保险这部分规划比较好。

——但是，如果住院的话，住院费会很贵。我刚上班的时候，卖保险的小姐姐说“单身生活住院的话压力特别大，没有钱，手术都做不了”，所以我就买了。

卖保险的小姐姐这么说也没错。但是你要知道，**日本的社会医疗保障制度**之完备可是世界闻名的。

日本的社会医疗保障制度是：如果你住院1个月，手术费是100万日元，那么一般个人只需要负担三成，就是30万日元。而且还有“**高额疗养费制度**”，一旦申请通过，这30万日元也不用个人负担了。

日本的高额疗养费制度，针对月收入在27万~51.5万日元的个人，如果每月的医疗费超过8.01万日元，就从超过的金额里减去26.7万日元，再乘以1%，就是个人负担的费用。可以说，为个人减轻了相当的负担。

具体而言，如果一个月发生了100万日元的医疗费，则自己只支付87 430日元。如果你的月薪低于27万日元，自己负担的部分会更少，只有56 700日元。

而且，如果住院超过3个月，从第4个月开始，自己负担的部分还会减少到44 400日元。也就是说，就算住院时间达到半年之久，自己负担的医疗费也不会超过 50 万日元。

医院很重视病床的周转率，基本也没有让病人住院半年的情况。即便是大手术的病人，也都是 1 周到 10 天左右就出院回家了。现在 80% 的患者，都是 1 个月内出院回家。

购买医疗保险的时候，保险销售人员会告诉你“每住院 1 天会有 1 万日元的补贴”，所以你就安心了？请仔细看一下保险合同细则，一般都有支付天数的上限。

比如，1 天 1 万日元，但是只支付 60 天，也就是说最多支付 60 万日元住院补贴。但如果你有 60 万日元存款的话，根本就不需要保险的补贴了。如果这笔钱不买保险，老老实实存起来，也没有生病的话，就是一笔数目不小的养老金呢。

正式员工有公司提供的社会健康保险，自己负担的金额会更少。

各种各样的保险，根本不需要

——那么死亡保险怎么样？不是说“到时候可以领取2 000万日元”吗？

死亡保险，顾名思义，是人死之后才得到保险金。不是说买了保险就不会死，而且领取这份保险金的时候，也是投保人去世的时候。

如果你死了，最悲伤的一定是家人。大多数人的想法是身后能给家人留一些钱，但是家人通常最希望的还是亲人能活着啊。如果你去世的时候是单身，没有丈夫／妻子也没有孩子，也没有把钱留给谁的必要。当然，去世后自己也用不到。这样一想，你就会发现，单身没必要买死亡保险。

——说的是。那买防癌险有必要吧？最近发现得癌症的年轻人越来越多……而且很多癌症治疗费用不在社会医疗保障范围内。

首先，并不是年轻人得癌症的多了，而是因为年轻人得癌症比较稀少，所以容易给人留下很深的印象。实际上，日本二十几岁的年轻人，自杀死亡率要远远高于癌症死亡率。

再看一看日本各个年龄段罹患癌症的柱形图，二三十岁患病的概率是很低的，到了 40 岁开始猛然增高。如果你现在 37 岁，确实到了应该多加注意的年龄。

再说说治疗。癌症治疗，以放疗为主，**大体上的治疗方法都在社会医疗保障范围之内**。范围外的也有，就是一些需要花费数百万日元的先端治疗，这种治疗可能确实需要加入防癌险，但这部分人群仅占癌症患者的 0.16%。

防癌险的条款里，有一条是针对数百万日元治疗费的“先端治疗特约”，许诺投保人只需要承担100日元的保费。那我们反过来想，如果需要这项治疗的患者很多，那么保费一定不可能是100日元，必须更加高昂才符合逻辑。为什么这么好的治疗只需要100日元？这正说明有必要接受这项治疗的患者相当少。

需要进行这样治疗的概率，比交通事故的概率还低。如果万一很不幸有罹患此类疾病的可能，那么是否需要为这个可能而持续购买保险，还得自己判断。

很多人担心“癌症是不可能完全治愈的，治疗没有尽头，长期往来医院，医疗费一定高”，但即便买了高额的保险，也不能保证彻底治愈癌症啊。

况且，癌症以外还有别的疾病。总之，可用最低保费购买那些涵盖绝大多数疾病的险种，其余的钱还是存起来吧。

最近日本保险公司推出了与护理保障相关的险种。需要护理的时候，被保险人根据基准获得保额。

——护理保险，这类养老保险怎么样？

40 岁左右加入的话，消费型保险的保费是每月数千日元，终身型保险的话是每月 1 万 ~2 万日元，不便宜的。

如果不是保终身的险种，当超过 80 岁需要护理的时候，你可能就要担心了。但是当你到 80 多岁的时候，那时候的物价跟现在也不一样，比起现在买护理保险，还不如好好存起来稳妥。

另外，护理也在社会保险范围之内。日本相关的服务设施完备，全日通用的机构有约 37 000 个，比邮局还多。申请的时候，根据个人的情况申请护理范围，个人只需要支付一成的费用。护理分为 7 个阶段，不同的阶段有不同的保障。现在实际上使用这项制度的人，每月自己负担的金额是 5 000~37 000 日元。

对于老人的医疗费，在超过 70 岁以后，根据高额疗养费制度，个人支付的比重将下降。不管接受的是什么治疗、是否住院，只要收入在 28 万日元以下，每月个人只承担 44 400 日元。这样一想，老了以后的医疗费准备 200 万 ~300 万日元就够了。

每个人一生的护理费用大约平均是 547 万日元（日本人寿保险文化中心统计，2014 年度）。也就是说，医疗费加护理费，往多了计算，准备 800 万日元也够了。

所以说，与其现在购买这些商业保险，不如把这笔费用存起来。

买保险类似赌博

——话是这么说，但什么也不买还是不心安，只买一种的话，您的建议是？

为求心理安慰的话，可以选择互助保险。前面讲了，人寿保险是通过计算死亡和患病的概率，把相同年龄、相同性别的人归为一类群体的制度。互助保险则囊括了20~60岁的多种保险产品。

男性比女性、年长者比年轻者患病和死亡的概率大。在互助保险中，年龄越高，保费越低，而且每个月的保费只在2 000~4 000日元，期满后还有“返还金”可以领，大约是1 300日元左右。

最重要的是保障内容，从住院到死亡都有保障。

住院是 1 天可以获得 4 500 日元以上保险金，死亡可以获得 400 万日元以上。但是如果是十万分之一的疑难病，是不在保障范围的。只求心理安慰的话，互助保险还是值得推荐的。

话说回来，如果事事担心的话，有多少钱也是不够的。不仅仅是生病，走在路上会担心交通事故、下雨天会担心被雷击，如果事事都要买保险，结果一生什么也没有遭遇到，却落得贫困的下场，是不是又要开始担心太长寿了呢?

保险就像一轮赌局，而每个人的筹码是有限的，所以要针对不同风险，有策略地投放。其中有生病的风险，也有遭遇交通事故的风险。面对各种风险应该如何调配——比如自己的家族有患癌史，是否应该多买防癌险等，需要个人去衡量和安排。

保险就是不幸的转盘，也就是赌命的一场赌局。比如在 10 万人里计算死亡率，年纪越小死亡率越低，年纪越大死亡率越高。那么死亡率是 50% 的时候，也就是到某个年龄，将发生 2 个人里有 1 个人死亡的情况，日本的统计，女性的这个年龄居然是 89 岁！也就是说，**持续支付保险费到 89 岁，女性的 2 个人里有 1 个人是完全在贡献自己的保险金给别人使用，而自己完全没有享受到福利。**

缴到 89 岁的保险费全部存起来该有多好。如此看来，确实没有必要购买太多的保险啊。

- ☐ 买保险的钱完全可以存起来。
- ☐ 发生高昂医疗费的时候，可以申请高额疗养费制度并申请补助。
- ☐ 单身不需要购买死亡保险。
- ☐ 护理费用也存起来吧。
- ☐ 只求心理安慰的话，推荐购买互助保险。

第四章

关于年金

说到年金，你有认真支付吗

——年金是很重要的养老金组成部分，等我们这一代人老后，也能跟现在的老人一样领到年金吗？我们现在每个月个人支付那么多年金，究竟有没有意义？我们自己老后能不能得到保障？

这里所说的年金，指的是日本年金制度“公共年金”。虽然领取金额在逐年减少，但是制度本身是不会消失的。

虽然社会上有很多种说法，比如日本的年金制度运营失败、日本金库日渐缩减，也有的说随着日本老龄化社会的发展，等现在的年轻一代老后就没有年金可领取了……关于年金的各种猜测不断。但是，年金制度本身是不会取消的。

只要国家不破产，年金制度就不会消失。为什么这么说呢？因为一旦国家废除了存续多年的年金制度，那么一直缴纳年金的人就有权利向国家申请退款，届时，国家需要赔付的年金金额将是很大的一笔金额，也许会引发国家破产。因此，怎么看国家都不会允许这样的事情发生。而且，国家破产的可能性也是极低的。

另外，日本国民年金的资金池，其中一半资金是由国家税收支持的。年金不充足的情况下，由国家税收补充。国家可以根据情况调整税收补充年金资金池的比率，所以只要国家税收制度存在，年金制度就不可能消亡。

——原来如此，那我放心了。那么，年金到底是怎样运作的，国民年金和厚生年金又有什么区别？

日本公共年金含“**国民年金**”和“**厚生年金**”两部分。

日本国民年金是面向20~60岁日本国民提供的

养老金制度。2017 年后，年金个人缴纳金额统一为每月 16 900 日元。个人根据年金领取的时间领取相应的金额。如果从 20 岁缴到 60 岁缴满 40 年，从 65 岁开始到去世，可以每年领取 78 万日元。

厚生年金的参保对象是，厚生年金保险适用公司（或者政府机构）的未满 70 岁的工作人员。厚生年金是国民年金的补充。

◎国民年金和厚生年金

	国民年金	厚生年金
对象	日本 20~60 岁国内居民	厚生年金保险适用公司 70 岁以下员工
领取金额	根据领取时间	根据缴纳的保险金额（保险金额根据工资多少而定）
属性	年金的基础部分	年金的追加部分（国民年金的追加）
缴满 40 年届时领取金额	每年 78 万日元	（根据平均年薪）每年约 200 万日元

同时加入国民年金和厚生年金，
平均每年可领取约278万日元

年金的缴费金额，是按照参保人员的工资比例计算的，个人和公司各负担50%。厚生年金和国民年金的保费，同时缴纳。

年金领取金额根据缴纳的保费计算。参保员工按照平均年薪计算，如果从20岁缴到60岁缴满40年，持续不间断支付了厚生年金保险，那么现在可以领取的金额是每年200万日元。

也就是说，参保年金的正式员工，如果缴纳了年金保费，按照平均年薪计算，那么从65岁开始，可以得到约278万日元（国民年金78万日元+厚生年金200万日元）的收入。

没有加入厚生年金的自由职业者或者个体经营者，缴满40年国民年金，每年可以领取78万日元。

——我是派遣员工，我加入了厚生年金和国民年金，那么我也可以领取两份年金了！但是听说以后领取金额会逐年减少，那么我们这一代可以领到多少呢？

是啊，派遣员工如果加入了厚生年金，按照工资比例缴纳了厚生年金保险，就可以跟正式员工一样领取到厚生年金。

但是到了实际可以领取的65岁，年金金额大约会是多少呢？

日本公共年金，**是根据市场物价和工资水平、加入的人数以及平均寿命计算领取金额的**。所以30年这一金额会是怎样的变化，现在还不能准确地计算清楚。但根据宏观经济预测，随着物价的上涨，年金领取金额大约是现在水平的80%。

前文提及，按照参保人员平均年薪计算，缴满40年，可以领取的国民年金是每年78万日元。从65岁领取，按照平均寿命87年计算，那么可以领取的国民年金总数是：78万日元/年×22年 ×0.8≈1 370万日元。如果加入了厚生年金，按照平均年薪计算，正式员工现在每年可以领取278万日元，减少后可以领取的总额是：278万日元/年×22年 ×0.8≈4 900万日元。如果你现在的收入水平低于平均水平的话，那么可以领取的金额会更少。

根据自己的情况计算届时可以领取的金额，你可以登录日本年金机构的官网，输入自己的基本信息，根据各种满足条件查询具体金额。

但是从 2016 年 11 月以来，日本政府通过了新《年金功能强化法》，把领取年金所需要缴纳的保险期限从 25 年缩短到 10 年，年金制度也在不断变化。现在你是 37 岁，可以领取年金的时间大约是 30 年后，年金制度本身不会消失，但会发生哪些变化也不好预测。

要注意厚生年金中途断缴的情况

——是啊。但是我这样的派遣员工，以后会是什么样呢？现在虽然按照公司制度加入了厚生年金，但是如果中途断缴，之前所缴的费用会作废吗？

厚生年金的领取金额很可观，所以还是连续缴纳比较好。但加入与解约，也有明确的制度，不是随随便便的事情。

派遣员工加入厚生年金的条件是，参保员工属于常用雇佣者，还需要满足“雇佣时间为 2 个月以上”、“达到正式员工劳动天数和工作时间的 3/4 以上”等条件，由公司为员工办理。如果派遣员工跳槽换了公司，但还属于同一个第三方公司的话，1 个月以内找到新的公司，并确定雇佣时间会超过 1 个月，就可以接续厚生年金。即便厚生年金中途断缴，之前缴纳的部分也不会失效，也可以根据缴纳的金额领取相应的年金。

必须注意的是，当你辞职的时候，**厚生年金停止的同时，国民年金也会中止**。参保人员必须自己去申请重新加入国民年金。这里不只是针对派遣员工，个体经营者和自由职业者等也要注意。

如果是公务员或者正式员工，这些公共年金的支付金额会自动从工资或奖金中扣除，所以不会发生断缴的情况。但是此外的人员，必须自行到日本各区行政部门申请支付。

如果你不是正式员工，收入大幅减少，每月支付年金的部分也有可能成为负担。所以日本政府面向学生以及未满 50 岁的收入较低人群，提供年金的减免制度，请一定去相关部门了解清楚并及时申请。

年金的减免制度是根据适用人员的收入情况决定的，分为全免、3/4 免、半额免、1/4 免 4 种。免除额最低的是 1/4 免，适用于单身且年薪低于 296 万日元的参保人，虽然看起来门槛有点高，但是可以得到 7/8 的年金，回报还是不错的。所以，一定要仔细确认。

至于各种减免的适用条件，要登录日本年金机构的官网“年金全咨询”查询。

◎减免对象的所得金额一览

* 单身者

全免	3/4 免	半额免	1/4 免
57 万日元 （122 万日元）	93 万日元 （158 万日元）	141 万日元 （227 万日元）	189 万日元 （296 万日元）

注：( ) 内为申请者年收入。

——听说如果不能加入厚生年金，有一种附加年金也不错，是真的吗？

附加年金是日本政府向个体经营者、自由职业者等没有加入厚生年金的人群提供的一种自由年金。附加年金领取方式分为两种：每月领取，领取金额为国民年金基础上加 400 日元；每年领取，领取金额为 200 日元 / 月 × 缴纳月数。

比如，参保人员从 20 岁到 60 岁，缴满 40 年，则可领取：200 日元 / 月 × 480 个月（40 年）= 96 000 日元。国民年金现在缴满 40 年，每年可领取 78 万日元，780 000+96 000 日元就是每年可领取的年金 876 000 日元。这样看来确实 2 年就可以回本，是很划算的一种年金。

但是附加年金的领取金额是固定的，并不会随着货币价值变化而变化，所以**不管未来货币价值发生什么变化，附加年金的领取金额是不变的**。

从现在开始再过 30 年，货币价值会发生什么变

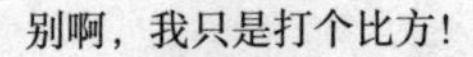

化谁也不好说，一只圆珠笔卖 5 000 日元也并非不可能。不要觉得可笑，物价就是这种谁也说不清楚的东西。

所以，不管别人说什么“加入附加年金，日后可以多收 96 000 日元哦”，等等，30 年后的 96 000 日元究竟有多大的价值，谁也说不清楚呢。

——现实好残酷……那么，我还是加入每月 1 万日元的个人年金更有保障吧？

“个人年金”，不同于国家的公共年金，是**商业保险公司开发的一种金融产品**。个人年金有两种类型。

一种是承诺“每月缴纳一定金额，日后可以领取多少万日元”，即每个月缴纳的金额日后可以等额返还的储蓄型年金产品。还有一种是最近日本保险公司力推的“变额个人年金”，是将投保人缴纳的保费进行投资，投资成功投保人参与分红，投资失败投保人共担风险的投资型年金产品。

首先，第一种年金产品与附加年金一样，界时领取金额不会伴随货币价值的变化而变化。将来的货币价值如何变化无法估算，所以不能预测出界时可以获得多少实际价值。保险顾问宣称，“每月投资1万日元，从65岁开始往后10年，每月可以领5万日元”，但是30年后一碗拉面可能就要5万日元了，谁知道这笔钱究竟可以做什么呢。

而且，投保人缴纳的保费里还包含了保险公司的手续费，还有捆绑的各种有偿服务，比如死亡补贴、医疗补贴等，加加减减，等额返还的可能性是很低的。

第二种年金产品，手续费很高，大约是本金的3%。投资成功的话，投保人参与分红；投资失败的话，本金将会有损失。

我们假设，不管投资成功与否本金不变，如果本金是 1 000 万日元，我们算算 25 年后会变成多少。你知道吗，光手续费就要将近 500 万日元。这样的行为是不是很不值得。花了这么多手续费，购买一份不知道是否有收益的年金产品，实在说不上是聪明的选择。

还有其他的各种年金类型的投资信托产品，也都是类似的金融产品，我这里都不推荐。货币价值不可预测，投资成功与否也未可知，所以，把这些个人年金产品看成赌博就好了。

为了安心养老，请一定加入公共年金

——这样说来，虽然年金制度不会消亡，但日后领取的金额日益减少，如果只加入公共年金还是让人不安。

确实，只靠公共年金生活难以维持，虽然公共年金比个人年金优势明显，也并不足够。但前面讲过，公共年金资金池的一半都由国家税收支持，所以还是可以让人安心的。

日本国民年金现在从 65 岁开始领取，每年约可以领取 78 万日元，根据现在的预测，30 年后大约减到每年领取 62 万日元。按照人口平均寿命 87 岁计算，从 65 岁开始，可以领 22 年，金额大约是 78 万日元/年 × 22 年 = 1 716 万日元。30 年后领取金额减少，大约是 1 370 万日元。

厚生年金，按照正式员工的平均收入计算，从20岁到60岁缴满40年，每年大约可领取200万日元，30年后减额大约是160万日元。计算到87岁，约200万日元/年×22年=4 400万日元。金额减到每年160万日元后，大约是3 500万日元。

加入厚生年金的人，一共可得6 116万日元，减额后是4 870万日元。没有加入厚生年金的人，一共可得1 716万日元，减额后是1 370万日元。公共年金是寿命越长，领取的金额就越多。

如果完全不加入公共年金，而依靠商业保险公司销售的年金保险产品，如果想老后得到同笔金额，那么现在每个月缴纳的保险费可是不小的负担啊。

比如，购买从60岁开始，每年可以领取100万日元，可以领取10年的储蓄型保险。如果是25岁参保，每月大约需要缴纳保费2万日元；如果是35岁参保，每月大约缴纳保费3万日元。领取的年金总额则是100万日元/年×10年=1 000万日元。另外，如果是每年领取100万日元，终身领取的保终身型产品，35 岁加入的话，每个月的保险费要高很多，大约是 5 万 ~ 6 万日元。这样一算，就知道公共年金比商业保险公司的产品划算多了。

将来会具体减额到多少谁也不好说，但即便如此，要安心养老，建议还是以公共年金为主。

现在很多年轻人不相信年金制度，据说日本有四成在职员工没有加入国民年金。怎么说呢，**缴纳公共年金也是作为公民的义务，面向收入少的人还有减免制度，所以请一定去申请**。

另外，年金制度不仅仅是以后每个月可以领钱而已。我们一般说的年金，指的是“养老年金”，从 65 岁开始每月领取固定金额的保终身型年金。

如果持续缴纳的时间超过规定时间，发生事故或者生病的时候，还可以领取“残障年金”。这种年金跟年纪没有关系。还有一种年金跟单身人士没有太大关联，就是如果一个家庭的一家之主去世，家人还可以领取“遗族年金”。

你看，公共年金不仅仅保障养老，发生意外时也会提供必要的保障。所以最怕的就是不加入年金，或者停缴，或者缴纳时间不够。这样的话不但养老年金领不到，残障年金和遗族年金也没有指望了。

前面有讲过，从 2017 年 8 月开始，日本国家规定，将必须缴纳年金的时间从 25 年缩短到了 10 年，如果你还没有加入年金，或者有滞纳金，请赶紧去所在地的行政部门查询补缴。

小知识 日本今后的年金制度会如何变化

虽然年金制度的走势不是很容易能够看清楚，但年金制度本身不会消失。究竟会如何变化，确实令人不安。最近在日本，常常听到有人议论“年金减额法案”和“年金制度改革法案”，我们也可从中推测一下未来的走势。

“年金制度改革法案”的目的，是现在降低每个人的年金领取金额，这样可以在一定程度上延长年金总量的给付时间，最终实现各个年龄层年金领取金额的合理分配。

现在日本社会随着少子化的发展，缴年金保险的年轻人越来越少，而政府必须支付的高龄人群却在不断增加。收缴的年金保险金额不能满足需支付的金额，等现在的年轻一代年老的时候，年金保险的资金池金额将大幅缩减。

于是，日本政府想出一个办法，通过降低现行给付金额，来缓解未来的年金给付压力。2004 年日本政府推出了一个“100 年安心”的年金政策，即在降低年金领取金额的同时，提高年金保险的缴存额。而这项政策因为设计得不够完善，于 2012 年重新进行修正。

日本目前实施的政策是“年金领取金额调整规则”和“宏观经济平滑指数制度”。

截至目前，日本的年金领取金额主要是根据市场平均物价水平决定的，2021 年以后将根据员工工资情况决定。因为目前出现了员工工资下降而物价上涨的现象，物价在上涨，但是缴纳年金的主力军——年轻人的工资却在下降，所以必须做出调整。

宏观经济平滑指数制度是从 2004 年被导入的，是日本针对少子化社会推行的降低年金领取金额的一项措施。具体是计划每年减额 1%。这项政策有一个前提条件，就是只有当物价和工资水平同时上涨的情况下可以实施。所以这项政策通过以来，仅仅在 2015 年实施过一次。

如此反复，就像“100 年安心”政策，到了 2012

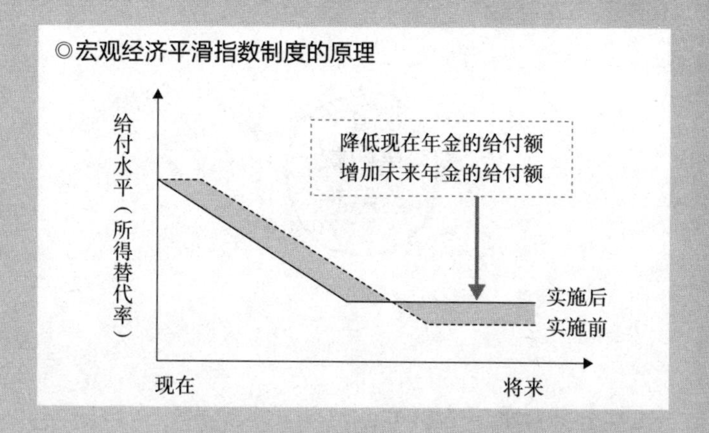

年就不得不修正，可见日本年金制度的变化之大和不可预知性。

- □ 年金制度不会消亡。但是将来会以什么形态出现，谁也不知道。
- □ 厚生年金，即便断缴，也会按照已缴时间支付。
- □ 厚生年金断缴的时候国民年金也同时中断，一定要注意。
- □ 因为不知道30年后的物价水平，所以附加年金实质上所得的货币价值是降低的。
- □ 个人年金就像一场赌博。
- □ 请老老实实去缴纳公共年金。

第五章

聪明攒钱

心里不安，就去花钱

——现在的利息这么低，还有必要存钱吗？

人年老之后，最靠得住的就是现金。所以，**不要再说存钱有没有意义这样的傻话了。**现在的利息低，不等于以后也一直低。以后如果利息增高了，就可以把攒的钱放进利率更高的银行。所以现在就开始踏踏实实存钱吧。

你的情况是，收入和支出大致持平，攒下钱来不容易，所以这才是你对老后生活感到不安的原因。

确实，**越是感到不安的人越是爱花钱**。表面上是为了纾解心情，其实完全没有彻底解决问题。要从根本解决问题，就是好好制订攒钱计划。

——你说的对，我就是常常心慌慌，每个月只是把剩下的钱存起来而已。

前面我也说过了，不管你工作到什么时候，养老需要的钱数都是一定的。多准备点儿，**至少要把收入的两成存起来**。

如果年薪是 300 万日元，每月就存 5 万日元。坚持下去，1 年是 60 万日元，10 年是 600 万日元，30 年就是 1 800 万日元。这个目标太难的话，每个月存 3 万日元也行，1 年是 36 万日元，10 年是 360 万日元，30 年就是 1 080 万日元。

如果每个月存 3 万日元也有难度，那 1 万日元也是可以的。你已经 37 岁了，每个月怎么也要努力存 3 万日元啊。从月存 1 万日元开始吧，一点一点增加。

每个月存一点，坚持下去就是一个不小的数字。**重点是坚持**！存钱是生活的根本啊！

——我明白了。现在每个月确实存不下 3 万日元，怎么才能确保每个月都能存下钱呢？

首先你的观念需要修正，**不是把剩下的钱存起来，而是先定好要存的钱，用剩下的钱去生活。**如果没有这样的规划，心里光想着要存3万日元，结果还是全部花出去了，到了月底还是一无所剩。留下的只有压力！

奖金要用相同的思路去规划。最少也要存下一半，用剩下的钱去消费。旅行和买大件，不要成天只惦记着奖金。你每个月拨出一笔小钱作为特别资金存起来，存够了再去买。要特别注意，不能把奖金存到信用卡里。

——就是先把要存的钱留出来！但是工资都是打到银行卡上的，经常就会忽略了存款这回事，怎么办呢？

推荐使用银行提供的“**自动储蓄定存**”服务。

这是一种可以预先设定存款日和存款金额的自动储蓄服务。一般从1 000日元开始，可以随时更改设置，追加金额。跟定存一样，有储蓄时间规定，中途不可以解约。如果设定时间是3年、5年，利息会更高。

去银行咨询一下，这种服务可以把工资预先按照自己的设置存起来，就算自己忘了，也能保证持续划款储蓄。

正式员工，可以使用公司提供的“**公司内部存款**”制度和“**财产积累储蓄**”（财形贮蓄）制度，这也是日本公司为员工提供的两种常见福利。公司内部存款就是由公司将员工收入的一部分存起来，并按照《日本劳动基准法》的规定，提供最低利率为0.5%的利息。目前日本银行的定存利息是0.01%，可以说该福利提供的利息非常不错了。

财产积累储蓄，就是公司把员工工资的一部分交给金融机构存起来，以帮助员工稳定资产。金融机构不同，这部分收入所提供的利息也不同。财产积累储蓄所提供的利息比公司内部存款的利息低。该福利也是一种公司向员工提供的自动划款储蓄的福利。有的公司，派遣员工也可以申请财产积累储蓄，请一定确认一下。

日本很多银行，也有针对收入不固定的个体经营者和自由职业者提供的自动储蓄的金融服务。比如日本瑞穗银行提供的“自由储蓄”就很值得推荐。这是一种设定划款日并预留最低限额，其余部分全部自动存款的服务。收入不固定的人，有的月份赚得多，就很容易浪费。有了自由储蓄，就可以像正式员工一样，每个月规定固定的生活费，多出的部分全部存起来。

很多人希望把钱存到利息更有优势的银行，所以网络银行备受关注。可以自动存款的银行有索尼银行、永旺银行、乐天银行，特别是永旺银行，利率是 0.12%~0.15%，比较高了。而且储户还可以通过在永旺银行赚取 WAON 积分，在永旺超市购物时使用。习惯去永旺超市买东西的人很多，这是永旺银行的一个优势，只是储户需要经常自己手动转钱，比较难坚持。

存款，最重要的就是坚持，自动划款储蓄操作很简单，不需要自己劳神就可以自动持续储蓄，非常值得推荐。

利用“家庭记账本”和“信封分装”，找到金钱感觉

——有没有必要记账呢？

存钱，一方面是存，一方面是用。要把固定金额进行合理规划，家庭记账本可以帮助你建立必要的金钱感觉。

现在市场上卖的手账等家庭记账本，记账科目有医疗费、交际费、休闲消费等，名目很多，常常会令我们很困惑。比如“跟朋友去泡温泉，应该算交际费还是休闲费呢？”，我觉得算到哪个都可以吧。不要拘泥于哪些科目，自己看得懂、算得清就好。特别是一些三天打鱼两天晒网的人，还是别搞那么复杂，简简单单，能轻松坚持下去最好。消费科目有餐费和日用品费、时尚美容费、交际费等三四个就可以，其他的就归为“其他”。

◎家庭记账本写起来

	餐费和日用品费	时尚美容费	交际费	其他
预算	30 000 日元	20 000 日元	20 000 日元	10 000 日元
/2	午餐 800			
/4			送别会 5 500	
/5		鞋子 11 000		
/7	茶叶 200			书 560
⋮	⋮	⋮	⋮	⋮
/31			闺蜜聚餐 7 000	
合计	29 500 日元	11 000 日元	23 000 日元	9 530 日元

交际费超预算了，但其他项目顺利过关！

首先，月初的时候，分别写下各个科目的预算，写上需要支付的日期和大致的金额，不用具体到 1 日元，10 日元、100 日元为单位都行，直接贴上收据也可以。

然后，到了月末统计一下，确认自己这个月的花销情况。“虽然交际费超支了，但餐费花费不多，整体没有超预算”等，就是需要建立这样的意识和感觉。如果当月总支出超过预算，就需要找到原因，从下个月开始调整改善。

记账的目的是保证储蓄，建立起合理规划生活费的日常习惯。自己要知道这个月是怎么把钱花出去的。比起详细记录每一笔开支，重要的是，要找到浪费的原因并加以改善。

有很多人坚持不下去，所以要把记账变成日常习惯。把每天晚饭后或者就寝前的时间作为专门记账的时间。特别忙的话，每周一次也可以。

即便如此还是嫌麻烦，那就在收到工资后，按照科目类别装进不同的信封。比如，月工资是 21 万日元，除去存款 3 万日元、房租 10 万日元、水电燃气电话费等 23 000 日元等，剩下的部分，按照家庭记账本上的科目，分别装进相应的信封。

这样可以大致掌握各种花费的情况。用的时候从信封里拿出钱来用，发现剩的钱少了，就自己调节一下，“这个月剩下的日子就自己做饭吧”、“这个月不买这个包了”……渐渐地就会树立起掌握自己生活费的意识并培养掌控能力。

如果浪费，信封里的钱就会一下子减少，你也就会马上发现自己用钱的习惯和规律。**头脑里对每项消费都有预算的上限，是拥有金钱感觉的重要指标。**

对于不习惯事先规划，喜欢了就买的人而言，每天1 000日元的餐费预算开始的时候是很艰难的。这需要一个过程，一点一点就习惯了。通过记账或者分装信封，尽快建立起金钱感觉。

一旦形成了每月存3万日元的习惯，你就会有莫大的成就感，存钱也有了更多乐趣。接下来，向更高目标进发，每月存5万日元也不是没有可能呢。存钱的良性循环就此产生。

根据利率选择银行吗

——我想开始尝试了。攒到一定的数额，就把钱转移到利息更有优势的银行。

对啊，当然，同银行内转移也行。日本有的银行的定存产品还赠送彩票等，万一能中奖不是锦上添花嘛。

比如，日本骏河银行推出的“彩票定存”，就会把中奖率日本第一的“西银座机会中心”发行的彩票直接寄到你家。定存期间是3年（可自动续存），套餐分为100万日元、300万日元、600万日元、900万日元4种。存入100万日元，每年可以得到10张彩票，3年就是30张；存入300万日元就是90张，

600 万日元是 180 张，900 万日元是 270 张。存入的金额越大，得到的彩票数就越多，还有多种博彩模式可以选择。据说，截至目前有 1 528 人中过 10 万日元，中过 1 亿日元的幸运者有 11 位。

日本有的信用金库还推出了“有奖定存”产品，奖金最多 10 万日元，各种小额不等，很容易中奖。举个例子，城南信用金库在东京有很多分店，只要存入 10 万日元，就有可能中奖。奖金分特等奖 100 万日元 10 个、一等奖 10 万日元 1 000 个，最后的四等奖 1 000 日元 10 万个。存在这里的钱，利息都是市场平均水平，所以完全没有损失，还有可能中额外的奖金，非常吸引人。

城南信用金库还有一款“梦想定存”产品，每年送给储户“故乡特产”。储户边期待边存钱，存钱成为快乐的事情。定存的金额是 100 万日元起，时间从 1 年开始。

这些福利多多的定存产品，一定要用到哦。

——一说定存，就有一定的期限，有种不踏实的感觉，好像坚持不到整个存款期就会解约似的。这种心理怎么解？

为了克制总想取钱的念头，只有让取钱变得不那么容易。总想着取钱的人，就别用信用卡了，或者故意把钱存到距离远一点儿的银行，要不就把存折和银行卡交给父母保管等，让取钱变得异常复杂。

人啊，总是担心万一，手里没钱就不踏实，手里有了钱又留不住。所以精神上要学会刹闸，**让存钱变得容易，让取钱变得困难**，这才是基本原则！总之，必须学会无论如何确保存款，用有限的金额安排自己的生活，这是重中之重。

第五章
要点

- □ 目标是把收入的两成存起来。
- □ 收入到手第一件事就是确保存款，再用剩下的钱安排生活。
- □ 学会用公司和银行的存款制度。
- □ 用家庭记账本和信封分装，找到自己的金钱感觉。
- □ 基本原则是，存钱容易取钱难。

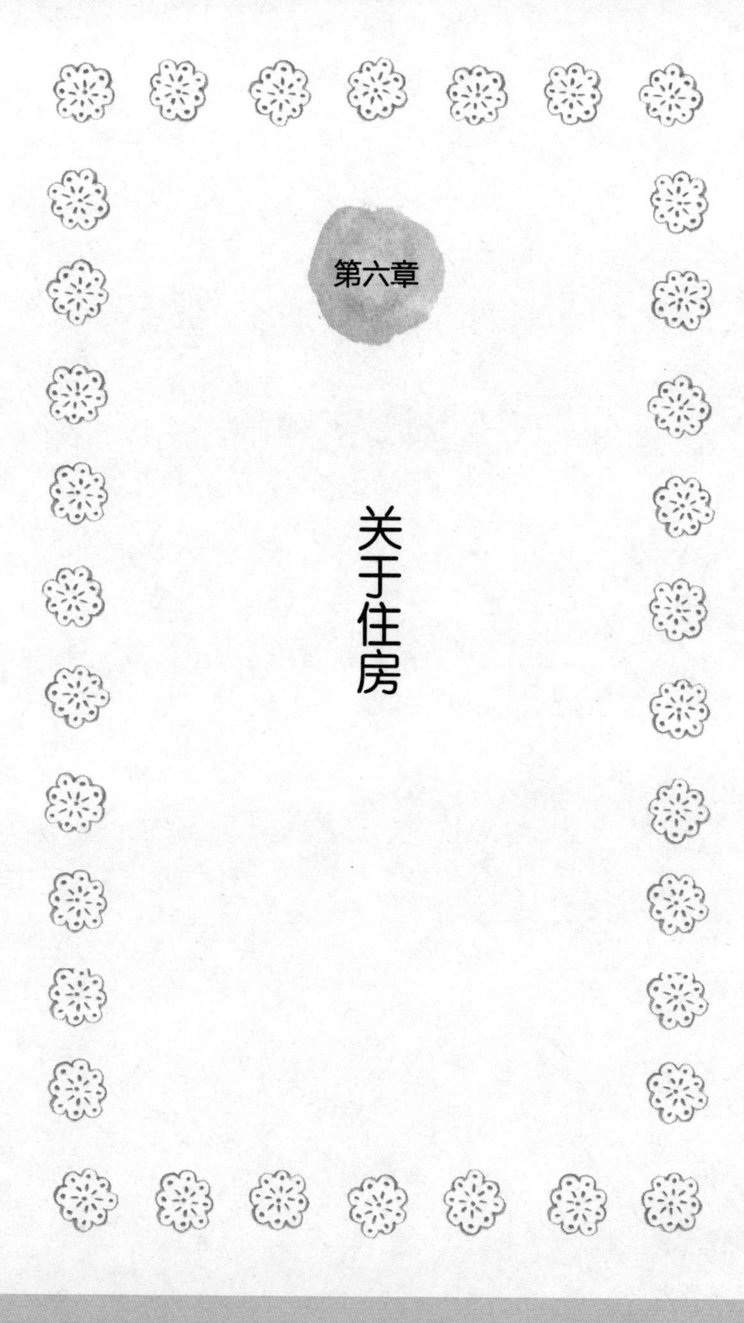

第六章

关于住房

租房还是买房，这是个问题

——最近身边很多女性朋友都开始打算自己买房子了。她们大多是正式员工，收入比我高，我以后如果跳槽换了收入更高的工作，我也想自己买房子，从长远来看，还是应该买房子，没错吧？

这几年，大家都在说“现在银行利息这么低，贷款买房最划算”“要买房现在是最好的时机”……但是我觉得，与其着急买房，**不如把这笔钱存起来更实际。**

为什么这么说呢，因为从现在开始，大量的空房、二手公寓会越来越多，房屋会大量空置。2013年日本全国的房屋空置率平均是13.5%，就是说每7~8套房子里就有1套空置。日本东京市中心的房屋空置率也达到了10%，每10套房子里就有1套空房子。根据野村综合研究所的数据统计，照现状发展下去，到了2033年，日本房屋空置率将达到30.4%。

公寓房，在现有积压623万套新房的基础上，还在不断建设。所以说今后的二手公寓会越来越多，特别是东京奥运会以后，日本房产价格还会继续下降。

现在在日本，不管是买公寓还是独立住房，只要到手，价格就会跌两成。以后还会继续跌，好不容易买到手的资产，价值会越来越低。

没错，现在的市场状态叫作“买方市场”，想卖出去的人比想买的人多。对于想买房的人而言，房源很多，卖方必须折价才能在众多房源的竞争中顺利出手。

再来看一看租赁市场，也是一样，房租下降，会更容易租到不错的房子。你现在住的房子是每月10万日元，日后可能只花半价5万日元就能租到。所以说，还是租房住比较划算。

——如果不考虑卖，自己住还是没问题的吧？

买了房子，不能就说一生无忧。为什么呢？因为随着居住使用，房子的**老化问题**就会显现出来了。

住了几十年，下水管道和空调等电器都容易出问题。如果是租的，这些问题就由房东解决；自己买的房子的话，就只能自己处理了。下水管道的修理费用大约每次30万日元，只是修理费用平均每年就要5万~6万日元。

再加上到了一定时期，房子需要大规模修整，公寓的话就是整体翻修了。现在的大多数公寓都不会翻修，如果翻修的话将产生2 000万~3 000万日元的费用。

有的人肯定会说，如果翻修不如卖了重新再买一套。要知道，以后的二手房会越来越多，价格下降，如果轻松买下了一套房子，结果这房子本身还残留着没有还清的贷款，你心理上不会觉得别扭吗。

你现在37岁，如果买了一套新房，按照平均寿命87岁计算，这套房子可以住50年。到时候房子可能到处都是问题，无法好好住下去。但到了那个时候你的生活收入来源主要是年金，根本没有余钱修缮房屋，这么老的房子卖也卖不出去。所以说，**破旧的二手房不适合老年人居住**。

——那么，上了年纪就很难租到房子了吧？

说上了年纪的人不容易租到房子，是因为房东担心租客死在房子里。但是别忘了，以后空房和二手房越来越多，比现在多多了。

对房东而言，与其空在那里，不如降低租金赶紧租出去。所以只要不是卧床不起，只要能正常生活，不论60岁还是70岁，都是可以租到房子的。

到了你60岁的时候，便宜的房子到处都是，如果房子地段一般，年数久一点，300万~400万日元买一套公寓都是有可能的。

把买房子的钱存起来，老了以后，找一套可以养老送终的房子，到时候不用贷款，直接全款买下来，这才是正经事。

在日本，过了 60 岁，单身也可以申请公营住宅。只要满足一定的收入条件，就可以以相对便宜的价格住到宽敞的房子。这个收入条件和房租，不同的地方政府规定不一样，可以到各个地方政府办事处确认咨询。

还有日本最近出现的，面向老年群体推出的合租洋房。大家可以共同到野地种菜、一起做饭，生活在一起。还有很多面向低收入人群推出的廉租房等。以后老年人越来越多，这样的设施和房子也会越来越多。

我们来比较一下租房和买房的花费

——一辈子租房住，就完全没有损失吗？

买房和租房，分别会花费多少钱，我们以你为例来比较一下。

现在 37 岁，年薪 300 万日元，存款 500 万日元。首付大约 300 万日元，贷款 2 500 万日元（利率 1%，贷 35 年），买一套一居室的新公寓。贷款的保证金、登记费等约 60 万日元，这样第一笔费用大约是首付 300 万日元 + 手续费 60 万日元 =360 万日元。

贷款 2 500 万日元，加上利息，一共大约是 3 000 万日元。入住以后，还要发生物业费、修缮基金、房产税。大约每月 25 000 日元到 30 000 日元。按照 25 000 日元计算，50 年就是 1 500 万日元，再加上平均每年的维修费 5 万 ~6 万日元，按照 5 万日元计算，50 年就是 250 万日元。

全部加在一起，首付及手续费 360 万日元 + 还款总额 3 000 万日元 + 物业费等 1 500 万日元 + 房屋老化修缮费 250 万日元 =5 110 万日元。如果房屋老化需要整体翻修，还要发生最低 2 000 万日元的费用，那就是 7 110 万日元。

再来算算租房子的费用。按照房租不涨为前提，每两年重新签约时发生 1 个月的租金作为续约费用来计算，平均寿命 87 岁，我们来算一算，50 年间租房的费用是：房租（10 万日元 / 月 × 12 个月 × 50 年）+ 续约手续费（10 万日元 / 次 × 25 次）= 6 250 万日元。

如果买的公寓不需要整体翻修，看起来买房子更划算。

然而，如果你这就打算出手买房

——我很担心自己能不能一直付得出房租，必须得买的话有什么需要注意的地方。

首先，房子买到手价值就会降低，买之前要把跳槽换工作、结婚、回老家照顾老人等可能发生的情况都想清楚。因为房子买了就不能轻易卖了。

其次是准备备用金。前面说过，买房子首付要花费一大笔钱。而后要还贷款，还要支付物业费、修缮基金、房产税。住的时间长了还要发生翻修费。因此，买房子不仅要准备好首付，后续也需要一定的支付能力，必须综合考量自己的经济能力。

很多人按照收入比例制订还款计划，要我说，应该按照自己的偿还能力来制订还款计划。

◎买房和租房，哪个更划算

* 买房

项目	计算	金额
首付		300 万日元
初期费用		60 万日元
物业费 修缮基金 房产税	25 000日元 /月 × 12个月 × 50年	1 500 万日元
房屋老化修缮费	5 万日元 / 年 × 50年	250 万日元
贷款		3 000 万日元
房屋老化翻修费		2 000 万日元
		合计 7 110 万日元

* 租房

项目	计算	金额
房租	10 万日元 / 月 × 12个月 × 50年	6 000 万日元
手续费	10 万日元 / 次 × 25次	250 万日元
		合计 6 250 万日元

如果房屋需要翻修，租房比买房划算

比如，你现在租房的租金是每月 10 万日元，也就是说，你每月拿出 10 万日元在房子上是不成问题的；如果买房子，每月除了还贷款还要产生物业费和修缮基金、房产税等大约25 000日元。所以实际上需偿还贷款是10万日元－25 000日元=75 000日元，按照每月8万日元的还款额倒推，实际上的借贷数额是2 800万日元。事先要把这些账都算清楚。

还贷年龄可以一直到七八十岁，如果日后依靠年金生活，还贷就有压力，就需要把还清贷款时间控制在65岁。这也需要事前计划好。

贷款越早还清越划算。偿还贷款一般前面几年的利息比较高，早点儿还清可减少利息损失。

买房子最好用现金，这样就可以少付利息。这是很难的，所以尽量多准备首付款，尽量减少贷款额。

买房子的时候不要想着这算资产配置，而应该抱着房子买到手早点还清贷款，老了以后就没有租金压力的想法。房子太旧只能成为负担，所以尽量买可以住一辈子的房子。

——这样说来，买房子没什么意义啊？

我的意见确实如此，考虑到资金和房子老化带来的麻烦，**真的不建议买房**。但如果你是那种“东西太多讨厌搬家”“希望贴上自己喜欢的壁纸，墙上钉钉子挂喜欢的画”……那么还是有一套自己的房子比较好吧。

如果可以提早还清贷款，住房上就没有大的费用了，精神上会很轻松。

在买房这件事上，花钱是小，**自我的精神满足是最重要的**。如果一个单身女子，为了买房子节衣缩食，为了省钱每天郁郁寡欢，就不值得了。

——如果长寿到90岁，卧床不起，一个人无法生活，该怎么办?

日本公营住房里，有附加终身护理服务的“高龄者护理住宅”，还有与护理医疗机构协作的“高龄者医疗服务住宅”。对老年人而言，这样的住宅是非常实际的。入住条件和房租等日本各个地方政府的规定都不同，需要事先了解一下。

还有很多养老院也提供护理服务。费用大约每月5万日元到15万日元。

上述针对老年人的住宅和养老院都很有人气，今后随着老人数量的增加，希望能降低费用或增加类似设施，服务更多的老人。

小知识　老了以后选择海外生活，更加划算

有些人很适应国外的生活，老了以后搬到物价更低的国家居住也是一个不错的选择。比如泰国，房租和生活费加起来每月 10 万日元就够了。在日本，人住在国外，也可以领取本国年金，要是加入了厚生年金，现在的费用就够用了。每个人的生活标准不一样，省一省还有结余也说不定。现在日本企业工作的正式员工，这种养老方法很值得考虑。

但是如果在当地没有朋友，或者融人不好，也会不开心。我听说也有人因为不适应反而患上了抑郁症。因此，还需要掌握一定的当地语言和较高的沟通能力。

第六章 要点

- □ 推荐租房、攒钱。
- □ 如果考虑到房屋的整体翻新，那么买房子真的比不上租房划算。
- □ 一定要有一套属于自己的房子的话，要充分衡量自己的精神满足度和经济能力。
- □ 岁数大了，可以考虑附带医疗服务的公租房。

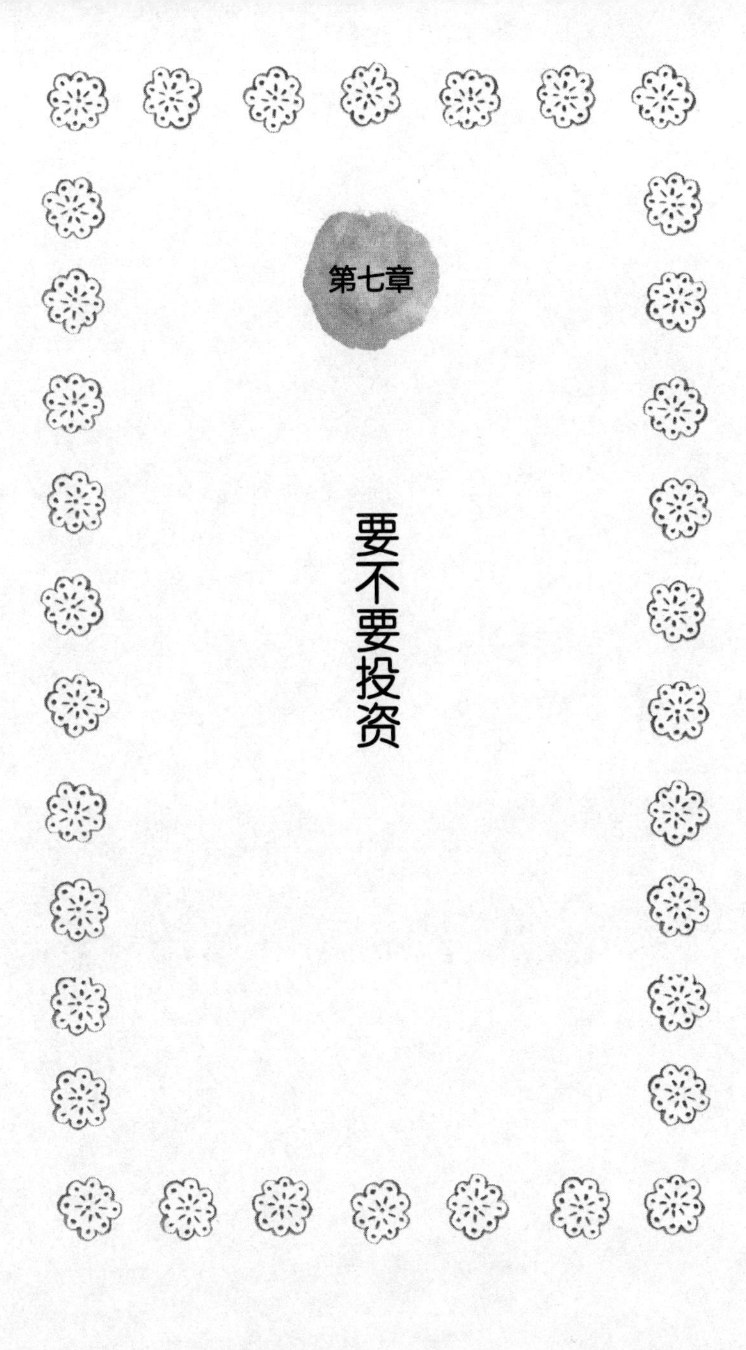

第七章

要不要投资

银行销售的金融产品真的能赚到钱吗

——最近，开始投资的人多了起来，用攒下的钱去买金融产品。投资100万日元，回报率看起来不错，是真的吗？

是啊，日本近来有不少声音在说“1块钱也能开始投资”“买投资信托降低风险”“长期投资很安全”……好像投资是一件很容易的事情，门槛很低，谁都可以投资。面向个人的投资信托产品种类增多，而且到了银行就能买，非常方便。

但怎么说呢，我觉得这种“不投资就赚不到钱”“攒钱没有前途，投资才是正道”的说法，完全是金融机构给普通大众灌的迷魂汤。

日本现在是**通货膨胀时代，踏实存钱才是王道啊**。通货膨胀的时候，物价上涨，货币价值下降，这个时候手里有现金才是正经事。所以请不要刚攒下一点儿钱，就想着拿去投资。

另外，泡沫经济时期日经平均股指为 38 900 点。假如手里有 38 900 日元，如果存起来，现在大约是 4 万日元；如果投资买股票，大约跌到了 19 000 日元（2016 年 12 月）。所以说投资未必能赚到钱啊，你懂了吧。

——为什么现在一进银行，就被推荐金融产品呢？

在日本，有时候要去银行办事，服务窗口的银行员工就会向客户推荐投资信托等金融产品。那是因为**比起定存，这些金融产品对银行更有利**。

购买投资信托产品，要发生 1%~2% 的手续费，投资者持有产品的时候，还会产生运营和管理这些产品的“信托报酬”费用。不同产品费用不同，一般是投资额的 0.5%~3%，会从投资者账户中被直接扣除。

具体而言，比如你投资了 100 万日元，首先有

1 万 ~2 万日元的手续费，之后不管是赚是赔，每年还要发生 5 000~30 000 日元的费用，也就是信托报酬，自动从你的账户中被扣掉（具体费用每家金融机构有不同的规定）。

对金融机构来说，不管我们的投资是赔是赚，这个手续费都是切切实实发生的。所以，对金融机构来说，这是完全没有任何风险的收益。

如果是定存的话，银行要支付储户利息，为了支付利息，银行要把这笔钱贷给个人或者企业，如果贷款的企业倒闭，银行就收不回这笔钱，但是还必须按照规定支付储户定存的利息。所以定存对银行来说，是有一定风险的。

所以，日本很多银行等金融机构才会说“现在利息这么低，存钱不划算，最好投资金融产品”，推荐对自己完全没有风险的金融产品。乖乖听话的人投了钱，结果没有赚反而赔了。日本邮政储蓄也是一样的。

有时候，我们经常去家附近的银行，跟工作人员都熟悉了，但不管彼此多么亲近熟悉，他们都是销售人员。销售人员推荐的产品，都是对本机构最有益的产品，而有可能给你带来损失。所以，不要轻易相信。

——这么说来，不是有很多人投资成功吗，他们有什么窍门吗？

你可能认为很多人投资顺利，大赚特赚了，其实并不是的，通过投资赚钱的人并没有你想象的那么多。

人们都是赚到了钱很开心，就会逢人便讲。赔了钱，是不会跟别人说的。所以大家只听到谁投资赚了钱。特别是2015年，日本股票大幅下降，日元急跌，很多人的投资遭到重创。

有人觉得投资并不复杂，简单学一些皮毛就可以纵横捭阖。这种认识是错误的。金融市场非常复杂，根本不是一个外行略知一二就可以披荆斩棘大干一场的地方。

2008年美国雷曼兄弟倒闭，经济危机席卷全球。现在虽然略有恢复，但新兴市场发展停滞、日本国内经济不振、日银的金融缓和政策失败等，全球经济市场依然是不景气的。这个时候，一个外行还是不要轻易涉足了。

靠投资赚到钱的人，是把自己的人生都搭进去了啊。他们每天花大把的时间收集信息、研究各种动态和资讯，绝不是随便玩儿玩儿的。而且还背负着一夜破产的风险。所以，没有投入大量时间精力和有可能一夜破产的觉悟，就不要参与投资活动了。

投资是一场赌博吗

——不投资，光储蓄，还是觉得浪费。

对外行来说，**把投资当成赌博来看吧。**

别把投资信托等金融产品看得太重，就当成赌马、弹子机就行了。一个外行，把自己养老的钱都投进去，跟赌博有什么不同?! 只要是赌博，从来就只有庄家赢。虽然也有人能跟着赚点儿小钱，整体看还是赔钱的人多。

不管销售人员怎么说，金融产品都存在风险。2000 年日本野村资产管理公司推出一款金融产品“野村日本股票战略基金”，气势如虹，风头一时无两，坊间议论纷纷——“这可是野村的 1 兆日元基金哦”“千禧基金”……在社会上一度引起热点话题，参与的人相当多，结果……1 兆日元的盘子，只剩下了一半 5 000 亿日元。

不少人当时把身家全投入其中，2 000 万日元的养老金，最后只剩下 1 000 万日元。本来想着安安心心养老，结果被投资失败拖入泥潭，留下的只有后悔。

以下几款投资产品，都是入门门槛比较低的，不过每一种都有投资风险，外行的你一定要了解清楚。

股票

通过购买企业发行的股票获得收益。股价低的时候买入，股价高的时候抛出，赚取差额。

◎风险

要比别人更早找到潜力股，在大家都没有注意到的时候买入。所以掌握发行企业的信息尤为重要。有时股价不按预期上涨。

FX

通过买卖外国货币赚取利益。日元高的时候买入外国货币，日元低的时候卖出，赚取差额。

◎风险

当今世界的信息很复杂，不掌握专业知识很难进行预测。有时候以为日元高而买入，结果日元一路走高，只有损失连连。

外汇

日元高的时候买外币存储，日元低的时候换回日元，赚取差额。比日元定存的利息高。

◎风险

跟FX一样，世界局势复杂，一个外行很难读懂。另外存入取出的时候都要发生不低的手续费，算来算去不划算。

投资信托

把很多人的资金集中在一起，委托专业人士投资赚取利益分红。因为操盘手是专业人士，所以这种产品的人气很高，不仅仅是证券公司，在银行、邮政储蓄的窗口都可以购买，是一种有代表性的个人投资产品。

◎风险

由专业人士亲自操盘的项目风险一定不低，日本曾经就有过知名证券公司推出的产品，结果失败的案例。

因此，不管投资什么，都有风险。参与很简单，但是把养老金、退休金这些保命的钱进行投资，就太危险了。

当今，比起让钱变多，不让钱减少才是根本。就算利息很低，至少不会让你的钱减少。现在踏踏实实存钱，才能日后安心养老。

当然，投资也不是一定不可以，如果你现在有5 000万日元，损失1 000万日元也无所谓的话，尽可以去投资。

☐ 通货膨胀时期，存钱是王道。

☐ 投资就是赌博，不要用保命钱去投资。

☐ 不管回报率有多高，只要是金融产品，就存在风险。

☐ 比起让钱变多，不让钱减少才是根本。

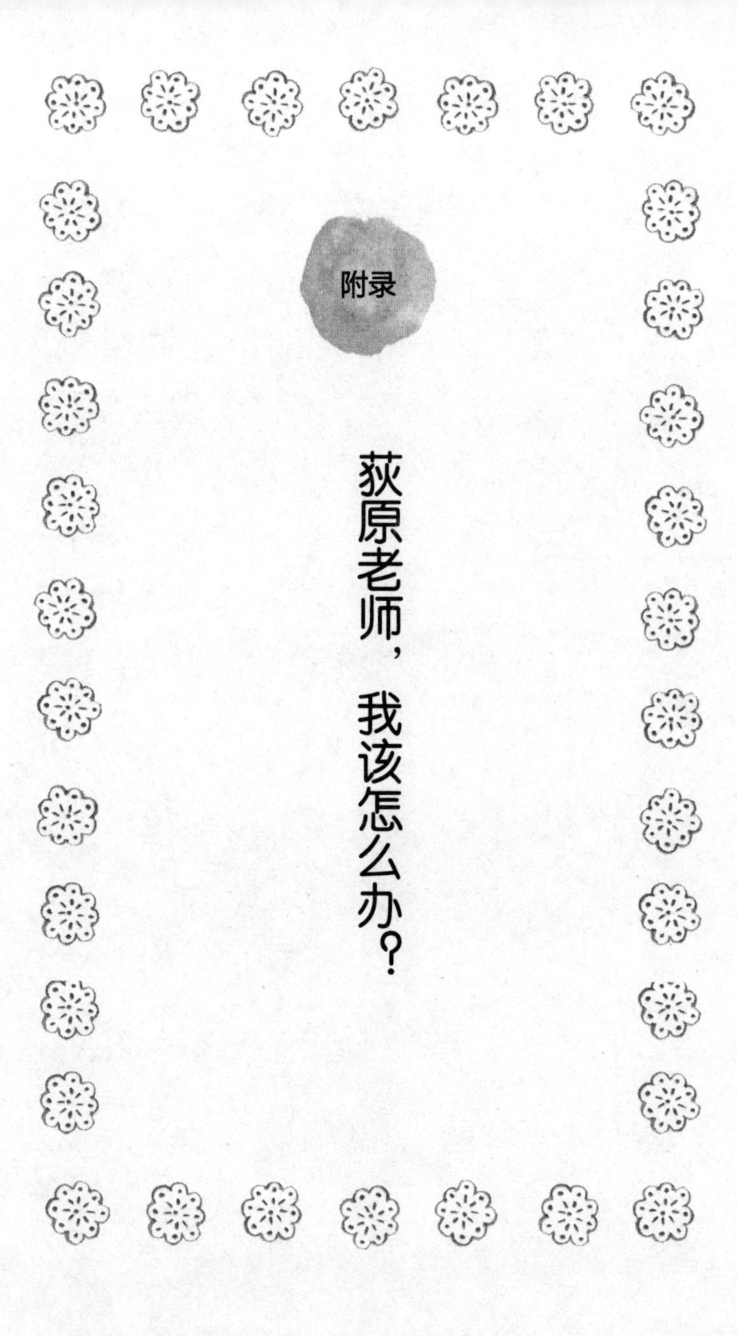

附录

荻原老师，我该怎么办？

工作合同中断，派遣员工也会领到失业保险吗？

一般意义上的“失业保险”指的是“雇佣保险”的一部分，属于员工基本补贴。

派遣员工的情况，要根据第三方公司的合同规定而定。派遣员工只要加入了失业保险，就可以领到。很多大的第三方公司都加入了失业保险，请先确认一下你的派遣公司是否加入了失业保险。但是领取的条件是，从离职的当天起往前算，两年内保费要缴满 12 个月。

还有一点要注意，离职的性质。离职的性质分为主动和被动，即自己提出辞职和被公司辞退。性质不同，失业保险的领取是不一样的。

自己提出辞职的，被称为“一般领取资格者”，申请后要等待 3 个月以上。按照失业保险的加入时间计算领取的天数，大约是 90~150 天。

如果是被公司辞退的，被称为“特定领取资格者”，申请后第 8 天可以开始领取。按照年龄和失业保险的加入时间计算领取的天数，大约是 90~330 天。

可见，被公司辞退对自己更加有利。因此，请尽量不要自己提出辞职。

自己辞职 = 一般领取资格者

- 申请后要等待 3 个月以上
- 天数大约是 90~150 天

公司辞退 = 特定领取资格者

- 申请后第 8 天可以开始领取
- 天数根据年龄和保险加入时间计算，大约是 90~330 天

失业保险每天领取的金额叫作“基本补贴日额”，是将失业者最近6个月的工资加在一起的总和除以180得出。领取率分为 80%、50%~80%、50%、50% 以下 4 个档位。失业前工资越高，失业保险的领取率越低。

如果你预感会被解雇，就应该尽快着手寻找新的公

司，不要断档。对于派遣员工而言，35 岁已经很尴尬了，但如果没有特殊的要求，还是能够找到一份工作的。记住，找工作的时候一定要注意第三方公司是否加入了失业保险。

◎基本补贴的领取天数

一般领取资格者

<table>
<tr><th>加入保险时间</th><th>1 年以下</th><th>1 年以上
5 年以下</th><th>5 年以上
10年以下</th><th>10年以上
20年以下</th><th>20年以上</th></tr>
<tr><td>15岁以上
65岁以下</td><td>一</td><td colspan="2">90天</td><td>120天</td><td>150天</td></tr>
</table>

特定领取资格者

<table>
<tr><th>加入保险时间
年龄</th><th>1 年以下</th><th>1 年以上
5 年以下</th><th>5 年以上
10年以下</th><th>10年以上
20年以下</th><th>20年以上</th></tr>
<tr><td>30岁以下</td><td rowspan="5">90天</td><td>90天</td><td>120天</td><td>180天</td><td>一</td></tr>
<tr><td>30岁以上
35岁以下</td><td rowspan="2">90天</td><td rowspan="2">180天</td><td>210天</td><td>240天</td></tr>
<tr><td>35岁以上
45岁以下</td><td>240天</td><td>270天</td></tr>
<tr><td>45岁以上
60岁以下</td><td>180天</td><td>240天</td><td>270天</td><td>330天</td></tr>
<tr><td>60岁以上
65岁以下</td><td>150天</td><td>180天</td><td>210天</td><td>240天</td></tr>
</table>

父母的护理大约从什么时候开始？大约需要多少费用？

父母现在60多岁还是很年轻的，到了75岁以后，开始生病，就需要护理了。护理费用详见本书第三章。日本老人的平均护理费用是547万日元。

如果自己平时就有规划地储蓄，或者有兄弟姐妹帮助，负担会减轻很多。如果没什么存款，还是独生子女，负担就会很大。父母也许自己有存款，最好找时间跟父母好好商量一下。

还有，日本各个地方政府都有自己的护理政策，你也可以向地方行政支援中心负责老人护理的工作人员咨询。

在日本，负责老人护理的工作人员被称为“护理经理”，是专门负责区域内老年人护理政策宣贯与执行的，包括护理生活的经济规划、护理服务机构的联络、调整等。你可以去地方政府的行政部门进行咨询。

最近很多人，都同时面临育儿和养老双重问题。据说日本每年辞职专职照顾父母的人有 10 余万之多，80% 是女性。护理工作很重要也很沉重，要好好去了解相关政策，看看有哪些可以帮助到自己，千万不要自己一个人承担。

在家护理的话，有一种照顾老人的上门服务。不同的机构规定也不同，大体上照顾时间可以从早 9 点到晚 5 点，包括吃饭、洗澡等。费用收取也不同，每天 8 小时 1 000 日元也够了。

很多护理机构和医院有临终医疗服务。如果父母有加入厚生年金，每年可以领取 14 万日元，用年金就可以完全支付护理费用了。

如果你是正式员工，照顾父母，有护理假；但如果是派遣员工就可能会面临失业了。这些方面，都要跟父母充分商量。

有一个不太愿意去想，但还是要面临的问题。父母的丧葬费大约是多少？

地区和丧礼的规格不同，价格也不同。日本全国平均的丧葬费是 190 万日元（日本消费者协会调查，2014 年度），在东京市中心丧葬公司收取的费用 大约是平均 100 万日元。最近丧葬费有不断降低的倾向，不追求奢侈华丽的话，可以节省不少。葬礼上的香典等都包含在费用内，没有什么额外的花销了。

攒足了丧葬费用，就可以提前买好墓地。总之要早早准备，好过到时候手忙脚乱。

听说遗产税很高，是不是这样？

父母亲去世以后，根据继承遗产的人数，计算遗产税。如果继承遗产是 3 个人，那么有 4 800 万日元的遗产可以免税。继承人数为 1 人的话，免税额为 3 600 万日元。大多数人都不会超过以上情况，所以基本不会有遗产税的压力。

很多人说“如果在东京市中心有一套独栋住宅的话，遗产税会很高”，其实，在日本，房子的遗产税计算不是按照市面价格，而是按照评估价格，一般会比市价低。

如果继承人与父母同住，符合小规模住宅用地特例的话，330 平方米以下，遗产税减少 80%。

还听说现金和存款的遗产税很高，是否需要趁着父母在世，提早过户？

金融资产的遗产税确实比较高，所以生前可以赠予儿孙节税。要注意，一年内赠予 100 万日元以上资产的话，要发生赠予税。分不同银行存款也不行，只要账号是同一个人，就会合计算出个人资产总额。

如果每年在固定的日子，转出固定金额，也会被视作赠予行为，产生赠予税。

父母离世那一天开始，到所有手续办理结束，亡者的银行账号会被冻结。如果丧葬费需要使用父母的存款，就要事先转出这笔款项备用。

如果是自己去世，没有人帮忙料理后事，自己需要如何做好准备？

在日本，买一座新的墓，规模、地点不同，价格也不同。墓地价格日本全国平均是130万日元，永久使用费用是平均80万日元。

话说回来，自己已经去世，花很多钱买一座奢华的墓也没有意义了。

不要华丽，简简单单的，可以不买新墓，选择跟别人一起共栖“永代供养墓”。就算没有人来扫墓，墓地管理员也会代为清扫和管理。没有亲人、后代的人可以选择这种方式。费用也是要看具体的墓地和规模，一般最低70万日元。

还有一种，是生前委托朋友，把骨灰撒入大海，给朋友一定的感谢费。

如前所述，生前把自己的丧事委托给亲友最好，实在没有可以委托的人，也可以购买金融机构的“丧葬信托”，生前把丧葬费用交付给金融机构，金融机构会代为支付给丧葬公司办理葬礼。

荻原式节约生活

电费、燃气费看起来都是小钱，积累起来也是一座不小的山头呢！
必须养成每天节约的好习惯。

煮饭

◎煮好饭保温的时候，把切好的蔬菜用锡纸包好放进电饭锅，可以同时烹饪蔬菜呢，还可以节省电费、燃气费和时间。

◎如果煮好了饭需要保温4个小时以上，那还是不要保温了，直接用微波炉加热比较省电；如果煮好饭需要保温7个小时以上，那完全可以分两次煮了。不用电饭锅的时候，要记住切断电源。

燃气灶的使用

♥有些烹饪，用锅的余温就足够了。关火之后，用报纸或毛巾包住锅可以保温。温度慢慢下降，味道也会一点一点更有层次，更加美味。

♥煮面的时候，可以同时煮蔬菜。

♥电磁炉的热功率达到90%，要懂得充分利用，尽量缩短烹饪的时间。

♥上火之前，擦干锅底的水分，可以加强锅的受热能力，节省燃气。还有要确保火焰不要太大，不要烧高，保持这样的状态，每天开火3次，每年可以省430日元。

♥平锅底更容易受热，节省烹饪时间和燃气。

♥蔬菜过火之前，可以先用微波炉加热一下。比如煮菠菜，燃气炉费用每年约1 500日元，微波炉费用大约才360日元，可以节省1 140日元哦。

洗碗

◎节约用水有5点：1.不要攒脏碗；2.要从相对干净的碗开始洗；3.要控制洗涤剂的量；4.用洗涤剂后统一过清水；5.顽固的污渍先泡一泡。总之，水空流5分钟，就会浪费60升。不要让水空流。

◎把热水温度从40度下调到38度，每年可以节省燃气费1 500日元（每天洗两次）。频繁开关更节约。

◎油污等顽固污渍，要先用纸或布擦拭后再洗。

◎用煮面水和淘米水洗碗。煮面水里的皂角苷和淘米水中的碱性物质，可以有效去除污渍。

吸尘器的使用

♥根据机器，将“强档”转为“弱档”，可以省电1/4到1/3。打扫客厅，用弱档就够了。把脏东西先收集在一起再吸掉会更省电。

♥每天少用1分钟，一年可以节省150日元。要养成整理完房间后统一吸尘的习惯。

烧水

◎电水壶不能一直保温！如果需要每天保温时间超过 6 个小时，不如重新烧一壶。后者可以每年节省 3 000 日元电费。或者用保温瓶，烧开了水倒进保温瓶里保温。

◎直接使用热水器，也可以节省燃气费。

◎如果只需要加热一杯水，用微波炉比烧水壶更节省，而且省时间。

挂烫机的使用

分配好需要烫的衣物，手帕等小物件余温足够。

洗衣服

使用洗衣机的次数减半，每年可以节省水费 3 800 日元。

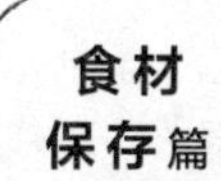

荻原式节约生活

即便买的食材没有超预算，如果保存不当腐烂掉也是浪费。记住以下的食材保存方法吧。

叶状物

用报纸包好放进保鲜袋，保持立状放入蔬菜格，可以使用空的牛奶盒。

卷心菜、白菜

拔掉菜心，用沾水的厨房纸包好放入保鲜袋。芯的部分朝下放入蔬菜格。

西红柿

蒂朝下放入蔬菜格。西红柿挤在一起容易腐烂，要一个一个单独排好保存。

洋葱

通风阴暗处保存。新鲜的洋葱水分较多。放在一起容易磕碰，买到家先干燥再用报纸包好，常温保存。

黄瓜、茄子、胡萝卜

一根一根用报纸包好，立着放入蔬菜格。

南瓜

除掉南瓜瓤，切成块儿，用保鲜膜包好放入蔬菜格。

蘑菇类

建议冷冻保存。摘掉根部，切成适当的块儿，装进保鲜袋放入冷冻室。用的时候直接从冷冻室里拿出来，无须解冻直接用。

鱼

去除内脏、鱼鳞，洗干净，去除水分，一尾一尾用保鲜膜包好冷冻保存。解冻鱼和肉的时候，先放到冷藏室里解冻。

芋头类、圆圆的小南瓜

土豆或小南瓜，放在通风处常温保存。

肉类

买到家后按照每餐的用量分好，用保鲜膜包好或者放进保鲜袋冷冻保存。包薄一点方便解冻，也可以腌好保存。2~3 周内吃完。

虾、章鱼、鱿鱼

清洗干净，按次数分好，用保鲜膜包好冷冻保存。

鳕鱼子、明太子

每一条鱼的鱼子分别用保鲜膜包好冷冻保存。

贝类

先用盐水清理干净，然后去除水分，真空冷冻保存。吃的时候不用解冻，直接放锅里就行。

火腿、培根、香肠

0度冷藏室保存。一次吃不完，用保鲜膜把每一根包起来冷冻保存。香肠保存前最好切花刀。

获原式节约生活

冰箱是24小时365天连续工作的家用电器，必须掌握省电技巧。

♥ 冷风口前要腾空，方便冷气流通。

♥ 把温度从“强”档改成“中”档，每年可以节省电费1 600日元。

♥ 减少开关次数。次数减少一半，每年电费可以减少280日元；开门关门的次数减少一半，每年可以节省电费160日元。

♥ 一台满满登登的小冰箱比略空的大冰箱费电，而且不方便冷气循环。

♥蔬菜格和冷藏室装满70%就行，装得太满不利于冷气流动，也费电。减少一半的量，每年可以节省电费1 100日元。

♥冰箱要与墙面有5厘米的距离。冰箱上禁止放置微波炉。冰箱四周尽量不与其他家具发生接触。三面都有接触与只一面有接触相比，每年电费增加1 200日元。

♥冷冻室与冷藏室不同，塞得越满越省电。

♥装一个冰箱专用的隔冷帘。

♥热的东西晾凉后再放进冰箱。

♥最新式的冰箱节电性能都很好，用了10年以上的冰箱还是换掉吧。

荻原式节约生活

泡澡大概是最费水和燃气的了，但是每个人每天都要洗澡，必须知道怎么节省。

◎洗澡水烧好了要马上进去洗。要知道每天如果追加加热一次，每年就要多花 7 000 日元。洗澡的时候记得关掉火或电源。

◎家里有 3 个人的话，淋浴比泡澡节省。一个浴缸里接满 200 升的热水，用水量相当于 16 分钟的淋浴用水量。

◎淋浴的时间每天减少 1 分钟，每年就可以省水费 1 000 日元，燃气费节省 2 300 日元。

◎浴缸内可以放一块香皂当沐浴液。肌肤更滑嫩，还可以预防体臭。

荻原式节约生活

到了冬天，有的人家用电量恨不能多出 2 倍。节省电费是有诀窍的。

♥把电热地毯的设置从强档改成中档，每年可以节省电费 5 000 日元。另外，电热地毯是铺在地上的，为了保温，可以加铺一条隔热毯，这样中档就完全够用了。

♥同时用电热风扇，热风向上走，空调的风向设置成向下，这样就形成了暖风循环。

♥把空调温度降低 1 度，每年可以节省电费 1 400 日元，每天使用时间减少 1 小时，每年可以节省电费 1 000 日元。另外，别忘了定时清理空调的滤网。

♥使用被炉的时候，连着褥子一起用，每年可以节省电费900日元。调低一个档位，每年可以节省1 300日元。

♥把窗帘换成厚的、长的，最好垂到地板，可以有效阻隔室外的冷空气。

♥铺地毯，可以隔热、保温。墙的边缘最好贴上厚的织物。

♥冷空气可能通过电线的入口进入室内，要多留心这些地方。

♥ 白天，把植物等放到窗边吸收热量，晚上，土壤和花盆的陶土会将吸收的热量释放出来。

♥热水袋是个好东西，不费电，温水还可以第二天洗脸用。

♥ 睡觉的时候，多铺一层褥子会暖和不少。脖子和肩膀周围要加强保暖。

♥ T恤衫换成高领衫，体感温度会增加2度；同样，把上衣换成毛衣，会增加2.2度；裙子换成裤子，增加2.9度；再穿上内衬衣裤，增加0.6度；穿上袜子，增加0.6度；穿上拖鞋，增加0.6度；盖一条毛毯，增加2.5度。

荻原式节约生活

与冬天一样，夏天也很费电，同样需要用心节电。

◎ 从外面回到家，先开窗换换空气再开空调。一间充满热气的房间里马上开空调的话，比较费电。

◎ 空调温度从27度调到28度，每年可以节省电费800日元。另外，要让室内温度下降时要消耗电力，所以不要频繁开关空调。

◎ 空调的风量设置成自动。因为如果风量太弱，在接近设定的温度时比较耗电。

◎ 每个月清理空调滤网1~2次，每年可以节省电费约860日元。

◎ 如果你的空调已经用了10年以上，建议换掉。因为最新式的空调可以节省40%的电力。

◎ 同时使用空调和换气扇。因为冷风是向下走的，空调的风向设置成水平，换气扇的风向朝上，就在室内形成了循环。换气扇可以用电风扇代替。

◎室内温度会受室外空气的影响。建议在窗外挂隔热帘，帘子最好挂在窗户外侧，效果是挂窗户内侧的3倍。

◎ 把寝具换成席子、竹子等天然材质，头枕的后部可以用冰袋，睡前1小时洗个澡，不用空调也很舒服呢。

后记

为了安定的养老生活，现在开始准备一点儿也不晚！

截至目前，还从来没有想过未来该如何的人，首先应树立3个意识：增加存款、避免浪费、一生坚持工作。只要有这3个意识，什么时候开始为养老准备都不晚。

如果现在的你为养老问题一筹莫展，没有头绪，那是因为你对自己的状况没有充分把握。养老需要多少钱、每个月需要攒多少钱、买什么保险等，正因为你完全不清楚这些问题，才会感到迷茫。

就像开车，如果你不能自己控制车速就会害怕，因为你不知道接下来会发生什么。这个时候，就要自己重新掌握主动权，调节速度，控制方向盘，消除内心的不安。养老也是一样，必须自己把握自己的情况、制订计划、按计划执行，才能渐渐安心。

在这本书中，我帮大家计算了养老所需的费用、必要的储蓄额，还列举了一些节约的方法等。还有，当今时代，必须树立起终身持续工作的意识。有了目标就有了动力，知道了方法就开始行动吧。只要自己掌握了自己的人生，你就不会害怕老无所依。

除了制订养老计划，你还要有心理上的充足准备。未来世界是未知的，所以需要一个周全的计划和一颗随机应变的心。

回顾过去的 10 年，社会的经济、政策、公共保障、雇佣形态都发生了翻天覆地的变化。世界环境和货币的价值也在不断变化。时代正在飞速发展。

以现有的感觉和价值观去推测老后是不合适的，以年轻人的年金和退休金也很难推断出以后的变化趋势。所以需要人们更加大胆一些，要不畏惧变化，有“到时再说”的勇气和心理准备。

我在书中也提及，老了以后可以搬到小城市，也可以移居国外，或者回到老家生活。要能够随机应变。

也不要兀自为以后担心，还是应该享受现在的生活。储蓄固然重要，因为价格关系而完全跟喜欢的东西绝缘也非生活之道。

到了 50 岁，只要没有外债，存款少一点也是可以过得去的。与其整天担心老后生活，不如现在开始制订计划最实际。40 岁以下的人，现在要注意尽量减少房贷等负债项目，生活安定。另外，一定要保持健康。

要平静客观地面对即将到来的老后生活，保持现有的生活，把储蓄变成生活的一部分，坚持下去。若能做到这样，就没有什么可担心的！从现在开始，为养老做准备吧。

荻原博子

家計簿